细水雾水幕阻烟隔热原理与应用技术

梁强 著

天津大学出版社
TIANJIN UNIVERSITY PRESS

图书在版编目(CIP)数据

细水雾水幕阻烟隔热原理与应用技术 / 梁强著. --
天津：天津大学出版社，2021.10
ISBN 978-7-5618-7064-8

Ⅰ.①细… Ⅱ.①梁… Ⅲ.①火灾－烟气控制－研究
Ⅳ.①X928.7

中国版本图书馆CIP数据核字（2021）第224290号

出版发行	天津大学出版社
地　　址	天津市卫津路92号天津大学内(邮编:300072)
电　　话	发行部：022-27403647
网　　址	www.tjupress.com.cn
印　　刷	廊坊市瑞德印刷有限公司
经　　销	全国各地新华书店
开　　本	185mm×260mm
印　　张	9.5
字　　数	250千
版　　次	2021年10月第1版
印　　次	2021年10月第1次
定　　价	45.00元

前　　言

火灾是指在时间和空间上失去控制的燃烧所造成的灾害,是世界上各种自然灾害中被公认发生最频繁、毁灭性极高的灾害。随着社会经济的快速发展,建筑结构形式越来越多,火灾的危险性和火灾损失不断增大,这对火灾的预防、控制和扑救提出了更高的要求,防火、控烟及灭火的新方法、新技术层出不穷。

细水雾灭火技术因其局域无环境污染、耗水量低、灭火迅速、水渍损失小、适用于多种类型火灾等特点,已作为哈龙灭火技术的主要替代品成为火灾科学的研究热点,并被广泛应用。在细水雾系统应用过程中,除了高效的灭火性能,其对火场的冷却隔热以及对火灾烟尘的冲刷沉降性能也引起了火灾工作者的关注。

本书针对细水雾的阻烟隔热性能开展研究和讨论,主要内容包括以下两个部分。

第一,利用理论分析、缩比例模型实验和数值模拟方法研究狭长空间内细水雾型水幕对火灾烟气流动的影响,将细水雾在火场的应用由灭火转向阻烟。应用理论分析细水雾消烟机理,建立细水雾与烟气相互作用的数学模型方程。采用比例模型实验台,开展狭长空间烟气流动特性及细水雾型水幕阻烟性能实验,定性观测了细水雾型水幕控烟的效果。利用 FDS 数值模拟与实验结果进行对比,进一步开展隧道内细水雾型水幕和集中排烟耦合控烟方法的应用研究。在对细水雾型水幕阻烟性能的理论和实验研究基础上,针对典型狭长空间公路隧道的火灾烟气控制,提出了细水雾型水幕和集中排烟耦合烟气控制方法(WM-STV 系统)。

第二,基于理论分析得到细水雾衰减热辐射效率的表达式及对衰减效率的影响因素,建立细水雾衰减热辐射的模型。通过 MATLAB 编程对热辐射衰减效率进行计算,探究影响因素对衰减效率的影响规律。搭建细水雾防护冷却玻璃隔墙实验平台,进行实体实验研究,通过对玻璃背火面温度和通过玻璃的热辐射通量进行测量,结合降温效率、衰减效率和耗水量,揭示了不同参数对防护冷却效果的影响规律,得到了各参数的最佳值以及最佳喷头类型,并提出了细水雾防护冷却系统设计方案。

本书的相关研究得到了河北省自然科学基金项目(No.E2018507026)、中国人民警察大学博士科研创新计划项目(No.BSKY2017007)以及中国人民警察大学科研重点攻关项目(No.2019zdgg006)等项目的资助。在本书的出版过程中,获得了中国人民警察大学学术著作专项经费资助,在此一并表示深表感谢。

本书是作者长期从事火灾科学研究和教学工作的成果和结晶,撰写过程中参考了大量国内外文献,在此对所有火灾科学研究工作者致以衷心的感谢。由于作者水平有限,错误和疏漏在所难免,敬请读者和相关专家批评指正。

作者

2021 年 7 月

目　　录

第1章 绪论

1.1 火灾及其危害

火灾是指在时间和空间上失去控制的燃烧所造成的灾害,是世界上被各种自然灾害中公认的发生最频繁、毁灭性极高的灾害。火灾除了带来巨大的经济损失外,还可能导致重大的群死群伤事故。例如,发生在 1980 年 11 月 21 日清晨的美国米高梅饭店火灾造成 84 人死亡,其中只有 16 人死于引发火灾的一层娱乐大厅,其余都死于高层塔楼 13 层以上空间,死因均为火灾烟气窒息。1999 年 12 月 25 日晚 21:00 时,河南洛阳东都商厦发生重特大火灾,造成 309 人死亡,经调查全系烟气窒息死亡,在历时 3 小时的灭火战斗中消防官兵有 5 人受伤,16 人累倒,54 人不同程度出现中毒现象。2003 年 2 月 18 日,韩国大邱市一地铁列车因人为纵火发生火灾,由于调度员错误调度,列车司机错误操作,最后造成 198 人死亡、289 人失踪、146 人受伤。

火灾发生时,可燃物的燃烧通常是不完全的,在释放大量热量的同时会伴有浓烟,在热对流和热辐射的作用下热量快速传递,烟气在建筑物内蔓延。例如,室内火灾燃烧形成的热烟气在顶棚聚集,烟气层厚度和浓度不断增加,热量以辐射的形式反馈给其他可燃物,当温度达到一定极限时轰燃便会发生,研究表明当地板面上接受的热通量达到 20 kW/m² 时,室内就有可能发生轰燃。为防止火灾的蔓延,在室外人们通过设置防火间距、水幕冷却等形式预防燃烧热通过辐射形式传递,在室内则通过设置防火墙、防火门、防火卷帘、水幕等设施防止火灾蔓延。

烟气作为燃烧的必然产物,其蔓延扩散不仅影响火灾的发展过程,还决定了火场人员的逃生、灭火救援行动的结果以及火灾所造成的人员伤亡程度。美国消防协会对历年有毒烟气致死人数和受害者伤亡地点的统计数据表明,每年由于烟气吸入中毒死亡的人数占火灾死亡人数的 2/3~3/4。大量的火灾案例表明,随着烟气的蔓延扩散,即使人员远离着火点,也会受到严重威胁。火灾中可燃物的燃烧通常是不完全燃烧的,因此火灾烟气是一种成分复杂的混合物,主要包括:可燃物热解或燃烧产生的气相产物,如未燃尽的气体、CO、CO_2、水蒸气及多种有毒或有腐蚀性的气体;多种微小的液滴和固体颗粒(炭黑);热对流过程中卷吸的空气。基于火灾烟气成分的复杂性,烟气对人造成的伤害也是多方面的,主要包括:剧烈燃烧引发的高温、强热辐射和缺氧窒息,CO、HCN 等有毒气体导致的毒害,微小的液滴和固体颗粒的遮光作用对能见度的衰减引发的恐慌,等等。

随着经济的快速发展,新型材料和建筑形式的发展日新月异,火灾烟气的生成量更大,火灾烟气的毒性更强,热释放量更大,火灾蔓延特征更复杂。为了最大限度地减少人员伤亡和降低财产损失,火灾预防与扑救技术,火灾烟气的蔓延特性、毒性机理以及特殊结构建筑火灾烟气的控制技术研究一直是火灾科学研究中持续关注和讨论的热点。

1.2　细水雾灭火技术

1.2.1　细水雾灭火机理及系统分类

哈龙是一种高效的灭火剂,但随着对哈龙破坏臭氧层作用的发现和其淘汰进程的加快,各国都在积极寻找和开发哈龙的理想替代物,于是始于20世纪50年代的细水雾灭火技术重新引起了人们的重视,并成为目前应用最为广泛的哈龙替代技术之一。细水雾灭火技术具有传统灭火技术和其他哈龙替代技术不可比拟的优势。

细水雾与火焰相互作用时,其灭火机理比较复杂,主要有气相冷却机理、湿润冷却燃料表面、稀释氧气和气态可燃物等多种灭火机理。这些灭火机理相辅相成、共同发挥作用,对于不同的火灾场所,各种机理起作用的程度也不同。与气体灭火相比,细水雾的优势主要有以下几点:①没有毒性且不会引起窒息;②不会引发环境问题;③易于获得,价格低于大多数化学或混合气体灭火剂;④可以冷却可燃物和降低空间温度,能有效防止复燃;⑤灭火后能迅速恢复保护空间的环境和使用功能。与传统水喷淋相比,细水雾的优势主要有以下几点:①用水量少;②没有水渍损失或水渍损失很小;③供水设备占用空间小;④可用于液体火灾的抑制和灭火。

"细水雾"(Water Mist/ Water Fog/ Fine Water Spray)是相对"水喷雾"(Water Spray)的概念,指使用特殊的喷嘴,使高压水通过撞击雾化、双流体雾化等各种雾化方式而产生的非常细小的水微粒。美国《细水雾灭火系统设计及安装标准》(NFPA 750)中,细水雾的定义是:在最小设计工作压力下、距喷嘴1 m处的平面上,测得水雾最粗部分的水微粒直径$D_{v0.99}$不大于1 000 μm(即水雾累积体积比达99%时,最大雾滴尺寸≤1 000 μm)。这个定义中的细水雾,既包含了一部分水喷雾,又包含了在高压状态下普通喷淋系统产生的水雾,但一般情况下,细水雾是指$D_{v0.9}$小于400 μm的水雾。

按水雾中水微粒的大小,细水雾分为3级,如图1-1所示。1级细水雾为$D_{v0.1}$=100 μm同$D_{v0.9}$=200 μm连线的左侧部分,即水雾累积容积10%时最大雾滴尺寸≤100 μm,水雾累积容积90%时最大雾滴尺寸≤200 μm的细水雾。

2级细水雾是1级细水雾的界限与$D_{v0.1}$=200 μm同$D_{v0.9}$=400 μm连线之间的部分,即水雾累积容积10%时最大雾滴尺寸≤200 μm,水雾累积容积90%时最大雾滴尺寸≤400 μm的细水雾。

3级细水雾为2级细水雾分界线右侧至$D_{v0.99}$=1 000 μm之间的部分,即水雾累积容积10%时最大雾滴尺寸≥400 μm,水雾累积容积99%时最大雾滴尺寸≤1 000 μm的细水雾。

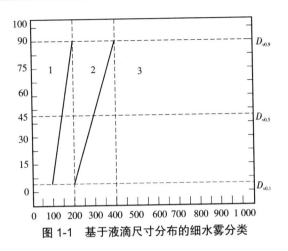

图 1-1 基于液滴尺寸分布的细水雾分类

细水雾灭火系统由细水雾喷头、供水管网、加压供水设备及相关控制装置等组成,能在发生火灾时向保护对象或空间自动喷放细水雾以扑灭、抑制或控制火灾。依据不同的分类方式,细水雾灭火系统可分为多种类型,见表 1-1。

表 1-1 细水雾灭火系统类型

分类依据	类型名称		特点
系统工作压力 P	低压细水雾系统		$P \leqslant 1.20$ MPa
	中压细水雾系统		1.20 MPa $<P< 3.45$ MPa
	高压细水雾系统		$P \geqslant 3.45$ MPa
灭火剂流相	单相流细水雾系统		使用单一供水管道对水雾喷头供水,喷头靠供水压力产生细水雾
	两相流细水雾系统	气水同管	高压气体与水在管道内混合,通过喷头喷出细水雾
		气水异管	高压气体和水分别通过管道与喷头连接,在喷头处混合,喷出细水雾
系统加压方式	泵组式细水雾系统		采用水泵对系统进行加压供水
	瓶组式细水雾系统		采用瓶组贮存加压气源并对系统进行加压供水
系统应用方式	全淹没细水雾系统		能向整个防护区内均匀地喷放细水雾,保护其内部所有防护对象
	局部应用细水雾系统		直接向被保护对象喷放细水雾,用于保护室内外某一具体防护对象或局部空间
	区域应用细水雾系统		保护防护区内某一预定区域
系统形式	湿式细水雾系统		采用闭式喷头,管道内长期充满压力水
	干式细水雾系统		采用闭式喷头,管道内充压缩空气,无须探测系统,管道泄压后自动启动
	预作用细水雾系统		采用闭式喷头,管道内充压缩空气,须用探测系统启动
	雨淋细水雾系统		采用开式喷头,管道为空管,须用探测系统启动
安装方式	预制细水雾系统		系统事先预制,流量和压力固定
	非预制细水雾系统		根据设置场所或保护对象的实际情况,经设计计算选择和布置喷头,确定系统流量和压力

1.2.2　细水雾灭火技术研究

细水雾灭火技术以灭火迅速、耗水量低、对保护对象的破坏性小等特点,在喷水灭火系统中占有重要的地位。细水雾的研究始于 20 世纪 50 年代中期,早在 1955 年 Braidech 描述了细水雾抑制熄灭固体和液体火灾的基本原则。随后,Rashbash 提出了熄灭液体燃料火灾的两个基本机理,即火焰气相冷却和燃料表面冷却。在细水雾的作用下,火焰气相冷却的速度非常快,而冷却燃料表面则需要细水雾能够穿透火焰到达燃料表面。Mcgee 和 Tamanini对细水雾抑制熄灭固体燃料火灾进行了研究,这些研究主要集中在细水雾与固体燃料表面火的相互作用上,并指出若要熄灭固体燃料深位火,需要提高细水雾的灭火效率。然而,随着哈龙系列灭火剂的广泛应用,关于细水雾的研究在 20 世纪 80 年代几乎停滞,取而代之的是哈龙系列灭火剂的"蓬勃发展",直到 1987 年《蒙特利尔议定书》签订后,细水雾作为最有力的哈龙替代品重新回到人们的视野当中。20 世纪 90 年代,关于细水雾灭火的研究又成为火灾科学领域研究的热点,除了关于灭火机理、细水雾对火焰的强化作用,研究问题还集中在细水雾灭火系统的雾化特性灭火效率的提高,以及在不同建筑结构场所的应用等方面。为提升雾化特性及灭火效率,研究主要有以下几个方向:①通过向细水雾中加入添加剂增强其物理灭火作用或增加化学灭火作用;②通过改进喷头的设计、优化水雾特性提高细水雾的灭火效能;③通过利用新型雾化技术,提高细水雾的灭火作用。

细水雾由于其环境友好、耗水量低、灭火迅速等特点,展现出良好的应用潜力,在高技术领域和具有重大危险的特殊火灾领域获得广泛研究和应用。以细水雾在公路隧道内的应用为例,在过去的二十几年中,挪威、意大利、西班牙、瑞士、德国等国家开展了在隧道内使用细水雾灭火的实验研究,这些工作大多以细水雾生产公司为研究主体。2002—2004 年,Kratzmeir 等在一条长 100 m、宽 8 m、高 6 m 的隧道内对油池火、部分遮挡的油池火和部分遮挡的木垛火开展了 75 次(高压细水雾 56 次,低压细水雾 19 次)灭火实验,其中 8 次灭火失败。结果表明,细水雾对油池火的灭火效率高于木垛火,对于木垛火实施细水雾的可以降低火源的热释放率,低压系统可以降低 40%,高压系统可以降低 50%~80%。2005 年,作为欧洲隧道防火计划(UPTUN)(Cost-effective, Sustainable and Innovative UPgrading Methods for Fire Safety in Existing Tunnels)的一部分,在 Virgolo 隧道内开展了细水雾灭火效果实验,实验火源功率为 20 MW,纵向通风速度为 2.5 m/s,细水雾工作压力为低压小于 1.25 MPa,高压大于 3.5 MPa,实验结果表明细水雾并没有在灭火方面展现出优势,但对隧道内的温度具有较好的控制作用,对隧道建筑结构的保护具有良好的效果。2005—2006 年,德国的 SOLIT(the Safety of Life in Tunnels)项目在西班牙的一条长 600 m 的隧道内进行了高压细水雾系统灭火实验,遗憾的是该实验结果没有公布。除了全尺寸实验研究,研究人员也利用缩尺寸实验和数值模拟的方法开展了细水雾在隧道内的应用研究。Nmira 等利用欧拉 - 欧拉两相流模型,对扑救隧道内的热塑性塑料火灾进行数值模拟,模拟结果表明利用细水雾灭火是一个短暂的阶段,过了这个阶段增加水的流量对控火没有影响,另外水滴的动量和优化喷嘴的排列布置决定了灭火的效率。Mawhinney 利用火灾实验和 CFD(Computational Fluid

Dynamics）数值模拟的方法，判定了细水雾系统在隧道内的灭火效果，研究了细水雾对火源热释放速率、温度分布、热传递的影响，结果表明细水雾的施加可以降低空间温度，减缓火势的蔓延，防止由着火点向其他相邻车辆的扩散。朱伟在 1：10 的缩小尺度细水雾灭火实验装置上，以纵向通风为典型强制通风方式，木垛火为火源，运用实验和理论相结合的方法对细水雾抑制狭长空间火灾的特性和影响规律进行研究，建立了纵向通风条件下细水雾抑制火灾的预测模型。李权威运用实验和理论相结合的方法，针对狭长空间纵向通风条件下细水雾抑制正庚烷池火的特性和影响规律开展研究，结果表明纵向通风对细水雾抑制熄灭油池火的机理的影响主要体现在通风使细水雾稀释与置换氧气作用减弱，随着风速的增大，冷却燃料表面在灭火过程中的作用逐渐增强，有效地冷却燃料是细水雾成功扑灭正庚烷池火的决定性因素。陈吕义利用缩比例实验，研究了狭长空间纵向通风条件下细水雾对木垛火的灭火效率，实验中利用两个细水雾喷头进行灭火，火场纵向通风风速为 0.5~3.5m/s，考察了火焰结构、火场温度、O_2 和 CO 浓度等相关参数，并指出利用细水雾灭火时存在一个最佳纵向通风速度。张培红利用数值模拟分析公路隧道排烟与细水雾共同作用下，对不同功率火灾的灭火效果，讨论不同排烟时间对细水雾灭火的影响，研究认为排烟与细水雾耦合作用对隧道火灾灭火效果的影响与火灾功率有关，排烟启动时间对细水雾灭火效果有一定影响，排烟对隧道内烟控效果有利。

1.3　细水雾阻烟隔热研究

在利用细水雾灭火的研究中，人们观察到细水雾对热辐射的衰减和烟气粒子有冲刷作用。水的汽化潜热远大于水升温需要的热量，雾滴汽化过程要吸收大量的热量，能有效降低保护区的温度。雾滴汽化产生的水蒸气对高温热辐射有一定的屏蔽作用，减轻热辐射对人体的灼伤，并使灭火人员有可能接近燃烧区。在建筑火灾现场，将其应用于阻烟隔热也是开展理论和应用研究的一个方向，并能够扩展细水雾应用范围。

在细水雾对火场辐射热衰减方面，研究人员开展了大量研究。Consalvi 等利用有限速率涡耗散（EBU）模型和 k-ε 模型模拟了细水雾控制室内火灾的过程，重点研究了水雾对热辐射的影响，结果表明火焰所产生的辐射能量在通过水雾时会被吸收。Collin 等利用数值模拟的方法，使用 C-k 模型研究了细水雾对辐射热的衰减作用，指出水雾粒径是阻断辐射热的主要参数，小液滴对辐射热的衰减作用更大，同时还指出喷雾粒径分布、热源温度、雾通量都是影响辐射衰减的主要参数。Coppalle 等和 Ravigurajan 等对水幕隔热和水滴粒子对辐射热的衰减研究也得出了同样的结论。叶栋利用 Fluent 软件对火灾中热烟气与细水雾的相互作用过程进行了数值模拟研究，比较了灭火过程中不同粒径细水雾在流场中的运动及其对灭火效果的影响，并研究了细水雾对着火房间火焰辐射的散射作用及细水雾的聚合破碎过程对灭火效果的影响。Blanchard 利用缩比例模型实验和 FDS（Fire Dynamics Simulator）数值模拟相对比，研究了隧道内纵向通风条件下细水雾与火灾烟气、火焰之间的相互作用，模拟结果表明火源释放的热量大约 50% 被水滴粒子吸收，其中由热烟气传递给液滴的热量占 73%，其余有 9% 被隧道围护结构吸收，热辐射衰减占 18%。

在水雾颗粒与火灾烟气之间的相互作用方面，早在 20 世纪 50 年代，火灾领域便开始了水喷淋与排烟共同作用对火场影响的研究。Morgan 等通过大量实验，测定了水喷淋液滴与火灾烟气之间的热交换，喷淋液滴吸收烟气层中的大量热量会造成烟气层浮力降低。You、Chow 等也对喷淋与热烟气层间的相互作用展开了实验研究。中国科学技术大学的张村峰、李开源等对喷淋条件下烟气的沉降和排放进行了研究。武汉大学的唐智降低水雾粒径范围，通过实验研究了水喷雾对烟气沉降的作用。在水雾对烟气粒子的沉降与冲刷方面，Maghirang 等对固体颗粒和荷电水雾对烟气颗粒沉降的有效性进行了实验评估，结果表明带负电荷的水雾液滴对烟气的消除效果最好，荷电喷雾的浓度、喷雾的粒径分布以及烟气的自身特性决定着消烟的最终效果。Balachandran 等利用荷电水雾和未荷电水雾对香烟所产生的烟气进行消烟实验，研究了水雾对烟气的沉降作用，结果表明带电水雾的消烟效果明显优于未荷电的水雾，另外添加非表面活性剂减小水的表面张力也可以提高水雾消烟效率。Xiang 等通过实验证明荷电水雾对烟气颗粒的消除作用远优于未荷电的水雾，提高水雾的荷电量可以大大提高消烟效率。房玉东、潘李伟利用 Sirion200 场发射扫描电子显微镜研究细水雾与烟颗粒的相互作用，拍摄不同工况细水雾作用前后烟颗粒的形貌及内部结构照片，利用统计分析的方法研究细水雾作用前后烟颗粒的采样平均直径及表面密度的变化规律。研究表明烟气颗粒团是由许多小颗粒组成的松散物质，其直径为 10~50 μm。细水雾作用后的烟气团的形态比未施加细水雾的大了约 10 倍。显然，细水雾的吸附作用对烟气团的积累有重要作用。

1.4　细水雾技术应用范围及标准

细水雾灭火系统因具有无环境污染、耗水量低、灭火迅速、适用多种类型火灾、对受灾物品水渍损失小等特点，被视为哈龙灭火剂的主要替代品。在高技术领域与重大工业危险源的特殊领域火灾获得广泛应用，应用场所包括计算机机房、电气化控制室、图书馆、洁净厂房、航空与航天机舱、船舶舱室内火灾、古建筑及大规模工业厂房等。

为了规范细水雾灭火系统设计，提高系统应用效果，国内外相继出台相应的规范标准。1996 年 NFPA（National Fire Protection Association）出台了世界上第一个细水雾灭火系统的性能化设计安装规范 NFPA750，其内容规定"应执行实验方案，以验证系统和组件的工作范围、安装参数"，该规范进一步推动了细水雾灭火的深入研究，同时标志着细水雾灭火系统的应用进入了一个崭新的阶段。随着哈龙灭火剂淘汰步伐的加快和国内细水雾灭火系统的研发推广，2002 年浙江首先推出了浙江省工程建设标准《细水雾灭火系统设计、施工及验收规范》（DB33/1010—2002），随后北京、安徽、湖北、江苏、广东、河南、四川、山西等地相继出台了工程建设标准《细水雾灭火系统设计、施工及验收规范》地方标准。辽宁省于 2003 年出台《中、低压单流体细水雾灭火系统设计、施工及验收规程》（DB21/1235—2003）。2012 年西藏自治区颁布了《古建筑分布式高压喷雾灭火系统设计、施工及验收技术规程》（DB54/

T 0065—2012）。2013 年我国颁布了《细水雾灭火系统技术规范》（GB 50898—2013）国家标准,作为细水雾灭火系统设计的一般性原则和统一标准,标志着我国的细水雾灭火技术已经有成熟的实施标准。2016 年 8 月河南海力特机电制造有限公司主编的《高压细水雾消火栓系统设计、施工及验收规范》顺利通过评审,标志着我国在细水雾灭火系统的应用上进入了高速发展阶段,但是在细水雾添加剂、阻烟隔热等方面的研究还有待深入,应用标准也有待完善。

第2章　细水雾型水幕阻烟机理分析

2.1　引言

烟气是由燃烧产生的,由气体、蒸汽、悬浮颗粒组成的混合物或气溶胶。建筑火灾大多是氧气浓度较低情况下的有焰燃烧,其中固体颗粒的小部分颗粒是在高热通量作用下脱离固体的灰分,大部分颗粒则是由不完全燃烧和高温分解而在气相中形成的炭黑颗粒,其粒径主要在 0.1~10 μm。烟气在建筑内扩散流动的过程中,同其他气溶胶的输运一样,在凝结、聚集、蒸发、吸附等作用下其粒子团的粒径和体积形态不断变化。这些变化影响着烟气粒子的沉降和在固体壁面的附着,同样对火场人员的可视距离、对烟尘的呼入量以及进入肺部的概率起着重要影响。

研究表明烟粒子的尺寸和性质可以通过外力、物理和化学过程来改变,在工业除尘中湿式捕尘技术就是通过外加水雾来捕集可呼入性灰尘粒子。借鉴湿式捕尘技术,通过施加细水雾,利用凝结、聚集、蒸发、吸附以及吸收等作用可以达到捕集炭黑粒子提高火场能见度的目的。在建筑内的特定地点,如狭长通道、走廊、房间与走廊交界处,设置细水雾型水幕带,利用水雾的蒸发降温、水雾粒子对烟尘粒子的凝结和捕集以及水雾流场对烟流方向的改变,可以起到冲刷烟尘粒子和阻挡烟气流动的作用。整个水雾阻烟过程受多种因素影响,准确的数学模型很难建立起来,但是可以通过建立模型研究单个水滴和炭黑颗粒相互作用的过程和行为特点,建立细水雾与火灾烟气相互作用的数学模型,借鉴湿式捕尘的效率分析,建立细水雾型水幕消烟效率模型。这对分析整个水雾阻烟过程有很大帮助,也是分析细水雾消烟机理的理论基础。

2.2　消防水幕与细水雾型水幕

2.2.1　消防水幕系统

根据文献综述,以狭长空间为例,要在狭长通道内阻断烟气的纵向流动,就要在通道的横向截面对其完全阻断,同时为了保证通道横截面的连续性,柔性阻隔是最好的选择。在建筑消防设置中水幕系统可以起到分隔的作用。

消防水幕系统是将水幕喷头设置在一个水平面上,经特殊设计的喷头将水喷洒成水幕帘状,用以阻止火焰穿过开口部位或阻隔辐射热保护与着火物相邻的可燃物,从而防止火势蔓延的一种消防设施,火场应用的目的主要是冷却和阻隔辐射热。研究人员通过全尺寸实验、小尺寸实验以及理论分析探讨了喷头流量和压力、设置高度、喷头类型和布置方式对水幕衰减辐射热能力的影响,结果表明水幕能有效阻止火灾蔓延,降温隔热效果明显,消防水幕如图 2-1 所示。在许多无法采用实体防火分隔的大跨度、大面积和层高的大空间内,通常会选用消防水幕进行防火分隔,但消防水幕耗水量大,无法阻烟成为制约其发展的短板。魏东等开展的全尺寸实验中发现水幕阻止烟气扩散的能力不强,火灾烟气能够穿透水幕,在火场中水幕背火源一侧有大量烟气存在,导致能见度下降影响火场人员的疏散和逃生。董惠利用大尺度、全尺寸实验研究了水幕的防火分隔作用,结果表明水幕的隔热性能良好,但防烟效果不佳,原因在于水幕由不连续的水滴构成,水滴粒径大,孔隙率较高。

2.2.2　细水雾型水幕系统

20 世纪 90 年代,出于对大气臭氧层的保护,《蒙特利尔议定书》要求逐步停止哈龙灭火剂的生产并严格限制其使用范围,细水雾以其优良的环保优势得到消防界的广泛关注。细水雾恰恰弥补了水幕的不足,首先其耗水量低,对通道的水渍损失小;其次,由于细水雾是由无数的微小水滴组成,在高温条件下能够迅速蒸发吸热并降低烟气的温度,还可以对烟尘粒子起到捕集的作用。借鉴水幕系统,本书提出了细水雾型水幕的概念,即通过细水雾喷嘴的成排设置在某一空间长度上形成连续的水雾带,该水雾带应具有一定的宽度和雾通量,保证其能够阻挡烟气的纵向流动,细水雾型水幕如图 2-2 所示。按照图 2-3 所示,细水雾型水幕要达到阻烟的目的须具备足够的水雾带宽度、微小的水滴粒径和足够的雾流速度三个要素。综上所述,细水雾阻烟过程包括以下三个方面。

图 2-1　消防水幕

图 2-2　细水雾型水幕

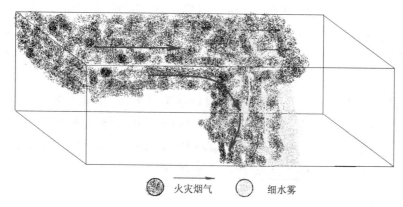

图 2-3　狭长空间内细水雾型水幕阻烟模型示意图

（1）细水雾滴与高温烟气相遇后产生热量交换，水滴从热烟气中吸收的热量一方面使水滴温度升高，另一方面为水滴蒸发汽化提供汽化潜热。同时雾滴的吸热作用降低了烟气温度，导致烟气热浮力衰减，从而失去了水平蔓延扩散的动力源。

（2）建筑火灾中，热浮力作用下烟气在水平方向扩散的流动速度为 0.3~0.8 m/s，而细水雾雾场，由于高速运动的液滴诱发的垂直向下的雾场速度在 4~8 m/s，远大于烟气的流动速度。细水雾水幕能量密集程度高，能在设置截面上形成具有一定刚度的水雾幕墙，烟气流动与之相遇后随水幕偏转，烟气被水雾阻截，从而运动方向发生偏转。

（3）水雾液滴与颗粒物发生惯性碰撞、扩散效应、黏附、扩散漂移、凝聚等作用，按照水雾捕集分离颗粒物的原理，水雾粒子和烟气粒子间发生凝并，形成水滴和炭黑粒子团，炭黑粒子团在重力和水雾液滴的作用下沉降，改变了炭黑粒子的运动轨迹。

细水雾型水幕阻烟是一个复杂的多相流过程，建立一个完整的理论模型是非常困难的。对于烟尘粒子被冲刷的现象，可以借鉴工业上水雾除尘的理论，分析细水雾消烟的机理，并建立细水雾消烟理论模型，计算细水雾型水幕的消烟效率，分析影响消烟效率的关键参数和影响规律。对于细水雾与烟气的相互作用，则可以建立细水雾与烟气相互作用的数学模型，分析细水雾与烟气之间的动量和能量的转化过程，从而揭示细水雾阻烟的物理过程。

2.3　细水雾消烟机理

烟尘粒子的物理性质变化与凝结、聚集、蒸发、吸附、吸收以及化学反应等作用密切相关，改善其中一种作用过程就可以提高消除烟气的效率。微细水雾中不仅存在着各种动力学现象，还有蒸发、凝结以及水蒸气浓度差异造成的扩散等现象，这些都对可呼吸性烟尘粒子的捕集起重要作用。房玉东、潘李伟采用铜网捕捉烟气颗粒，并利用 Sirion 200 系统扫描烟气颗粒及颗粒团，结果表明烟气颗粒团是由许多小颗粒凝结而成的松散物质，其直径为 10~50 μm，细水雾作用后的烟气团的形态比未施加细水雾的大了约 10 倍。显然，细水雾的吸附作用对烟气团的积累有重要作用。水雾消烟的基本机理包括气溶胶动力学机理、云物理学机理和颗粒团聚机理。

2.3.1　气溶胶动力学机理

在水雾阻烟的过程中,烟尘颗粒的被捕集分离是通过水雾液滴来完成的,相对水雾液滴的大小,火灾烟尘颗粒的尺寸要小得多。当烟气携带着炭黑粒子和其他液滴流经这些捕集物时,一些短程的机理则对完成捕集分离起到关键作用。基本的短程机理包括:惯性碰撞、拦截、扩散和重力沉降,过程如图 2-4 所示。喷雾降尘主要是雾滴与烟尘颗粒的碰撞捕集和凝结沉降。

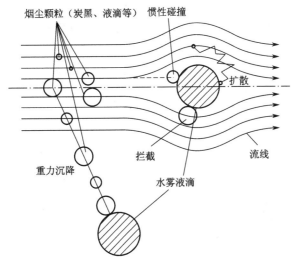

图 2-4　水雾雾滴捕集烟尘粒子示意

这些短程机理与烟气颗粒同水滴之间的相对大小及相对速度关系密切。另外重力沉降和在围护结构表面的附着也是烟尘粒子捕集的途径。每一项机理的数学模型都可以通过流体力学的基本方程建立起来,但要得出精确解是比较困难的,只能做若干假设进行近似求解,或用逐步渐进法进行数字求解。想要得到两种或三种机理组合作用的数学方程的精确解更为困难。鉴于在除尘消烟的过程中,是某种机理起主导作用,因而做出若干简化假设。例如,粒径在 1 μm 以上的颗粒,惯性碰撞占主导优势,而粒径小于 1 μm 的超微颗粒扩散则成为主导的捕集机理。

2.3.2　云物理学机理

微细水雾喷向烟气流动的空间时,能在很短时间内蒸发,使喷雾区水汽迅速饱和,过饱和水汽凝结在烟气内悬浮的大量炭黑粒子上,此后就开始了凝聚和并合的微物理过程。这主要是由于水的相变和云滴形成所导致的温度、浓度变化,加之喷雾雾流引起的含粒子空气运动,使携带着烟尘粒子的云滴和其他水雾粒相互碰撞、凝并进而增重下沉,形成“雨”降落下来。另外由于水汽在烟气粒子表面的凝结,不仅改善了烟尘的亲水性能,而且也增大了烟尘的体积与质量,这都对烟尘粒子的捕集起到促进作用。云物理学机理如图 2-5 所示。

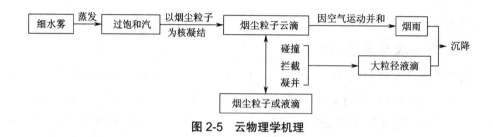

图 2-5　云物理学机理

2.3.3　颗粒团聚机理

在细水雾和烟气混合的区域内,除了微水雾滴蒸发以烟尘粒子为核凝结外,也会有一部分微细的烟尘粒子以较大的水滴为核进行凝并。细水雾液滴的粒径较烟气颗粒大数百倍,烟气颗粒吸附于液滴的过程可以简化为球形胶体嵌入液滴中。当液滴表面附着上了大量烟气颗粒后就不会再与其他液滴融合,这就意味着最终烟气颗粒团的数量由细水雾液滴数量决定。液滴外包袱的烟气颗粒会形成固体层,使得液滴变得更加稳定。烟气颗粒在水滴上的吸附如图 2-6 所示。

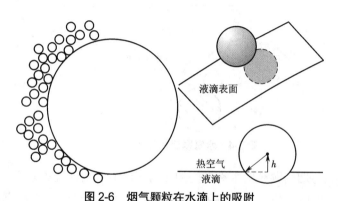

图 2-6　烟气颗粒在水滴上的吸附

2.4　细水雾与烟气相互作用的数学模型

在细水雾阻烟冷却的过程中,烟气温度降低的原因是其热量被大量水滴吸收,对于该过程的换热分析要以单个水滴的吸热蒸发过程为基础。本节首先描述单个液滴与烟气层相互作用的运动方程,然后结合未施加细水雾的烟气运动方程,讨论细水雾与热烟气相互作用的控制方程。理论分析中,假设水滴粒子的形状为球形,并忽略辐射换热的影响。

2.4.1　水滴的运动方程

细水雾的雾滴粒径通常在 10~200 μm,对于这种量级的颗粒,微观力(热泳力、布朗运动力)的作用可以忽略。模型中只考虑重力加速度 g 和烟气对水滴的运动阻力 F_{sd}。根据动量守恒,水滴的运动方程为

$$m_{sd} \frac{du_{sd}}{dt} = F_{sd} + m_{sd} g \tag{2-1}$$

其中,烟气对水滴的运动阻力可表示为

$$F = \frac{1}{2} \rho_y C_D A_{sd} (u_y - u_{sd}) |u_{sd} - u_y| \tag{2-2}$$

式中: m_{sd} 为液滴质量; ρ_y 为烟气密度; u_{sd} 为液滴速度矢量; u_y 为烟气速度矢量。液滴的拖拽系数 C_D 为

$$C_D = (\frac{24}{Re})(1 + 0.15 Re^{0.687}) \tag{2-3}$$

其中,雷诺数 Re 为

$$Re = \frac{\rho_y |u_p - u_y|}{\mu_y} d_{sd} \tag{2-4}$$

式中: μ_y 为烟气的黏度; d_{sd} 为水滴直径。

对于水雾而言,由于水滴粒径非常小, C_D 可以简化为

$$C_D = 24 / Re \tag{2-5}$$

2.4.2　水滴与热烟气的热量交换

高温烟气中运动的水滴粒子,在对流换热的作用下吸收热量提高自身温度并蒸发汽化。假设水滴粒子足够小,水滴内部不存在温度梯度,即水滴内部温度均一,则水滴吸热的热平衡方程为

$$m_{sd} c_{p,sd} \frac{dT_{sd}}{dt} - \frac{dm_{sd}}{dt} q = h A_{sd} (T_y - T_{sd}) \tag{2-6}$$

式中: $c_{p,sd}$ 为水滴的比热; q 为水的气化潜热; T_y 为烟气温度; T_{sd} 为水滴温度。

水滴粒子与高温烟气的热交换主要是对流换热,水滴与烟气的对流换热系数 h 可以从式(2-6)得到

$$Nu = \frac{h d_{sd}}{k} = 2.0 + 0.6 Re^{0.5} Pr^{\frac{1}{3}} \tag{2-7}$$

$$h = \frac{Nu \cdot k}{d_{sd}} = \frac{k(2.0 + 0.6 Re^{0.5} Pr^{\frac{1}{3}})}{d_{sd}} \tag{2-8}$$

式中: Nu 为努谢尔数; k 为火灾烟气的导热系数; Re 为水滴的相对运动雷诺数; d_{sd} 为水滴直径; Pr 为普朗特数,热烟气的普朗特数约为 0.7。

2.4.3　细水雾作用时烟气的运动方程

在火灾烟气运动方程的建立中,通常不考虑燃烧动力学过程,把火源作为一个能量点源,用火源功率 $\dot{Q}$ 描述。烟气运动方程包括连续方程、动量方程和能量方程。无细水雾作用时烟气的运动方程可以表示如下。

连续方程:

$$\frac{\partial}{\partial t}(\rho_y) + \nabla(\rho_y \boldsymbol{u}_y) = 0 \tag{2-9}$$

动量方程：

$$\rho_y \frac{\partial}{\partial t}(\boldsymbol{u}_y) + (\rho_y \boldsymbol{u}_y \cdot \nabla)\boldsymbol{u}_y = (\rho_{ref} - \rho_y)\boldsymbol{g} - \nabla P_y + \mu_y \nabla^2 \boldsymbol{u}_y \tag{2-10}$$

能量方程：

$$\rho_y c_{p,y}(\frac{\partial T_y}{\partial t} + u_{y,1}\nabla T_y) = k_y \nabla^2 T_y + \dot{Q}^{'} \tag{2-11}$$

式中：ρ_{ref} 为空气密度；P_y 为烟气膨胀压力；$c_{p,y}$ 为烟气定压比热；$u_{y,1}$ 为烟气质量；k_y 为导热系数。

当细水雾与烟气相互作用时，通过在烟气运动方程中添加单位体积的作用力和单位体积的传热两个源项来描述。假设在水雾覆盖的范围内，水滴在水平截面上的分布是均匀的，在同一水平面上液滴的流量和垂直方向上的速度均相同。S_{sd} 为喷头液滴覆盖面积，水雾液滴在单位时间内通过单位面积的流量数密度 n 可由水滴在单位时间内通过单位面积的质量流量 E 表示为

$$n = \frac{E}{m_{sd}} \tag{2-12}$$

$$E = \frac{\dot{M}}{S_{sd}} \tag{2-13}$$

设水滴在竖直方向上的流速为 $u_{sd,z}$，则单位体积的水滴数量 $n^{'}$ 为

$$n^{'} = \dot{M} / (m_{sd} S_{sd} u_{sd,z}) \tag{2-14}$$

式中：$\dot{M}$ 为细水雾喷嘴的质量流量。

根据伯努利方程，喷嘴出口处的流动速度为

$$u_{sd,0} = k_w \sqrt{\frac{P_w}{\rho_w}} \tag{2-15}$$

式中：k_w 为喷头流量系数；P_w 为喷雾压力；ρ_w 为水密度。

细水雾喷嘴的质量流量 $\dot{M}$ 为

$$\dot{M} = \pi \rho_w d_n^2 u_{sd,0} / 4 = k_w d_n^2 (\frac{P_w}{\rho_{sd}})^{\frac{1}{2}} \tag{2-16}$$

式中：d_n 为喷嘴出口直径；ρ_{sd} 为水滴密度。

单位体积的作用力 $\boldsymbol{F}_{sd}$ 可以通过对每个液滴累计得到：

$$\boldsymbol{F}_{sd} = \frac{1}{2}\rho_y C_D A_{sd}(\boldsymbol{u}_z - \boldsymbol{u}_{sd})|\boldsymbol{u}_{sd} - \boldsymbol{u}_z|\dot{M} / (m_{sd} S_{sd} u_{sd,z}) \tag{2-17}$$

单位体积的传热也可以通过对每个液滴累计得到：

$$\dot{q}^{'}_{sd} = A_{sd} h_{sd}(T_y - T_d)\dot{M} / (m_{sd} S_{sd} u_{sd,z}) \tag{2-18}$$

式中：h_{sd} 为换热系数；T_d 为水滴温度。

将单位体积的作用力和传热作为源项添加到烟气运动的动量和能量方程中就可以得到

细水雾与烟气相互作用的基本方程。由于细水雾是垂直进入烟气层,这里只给出 z 方向的方程组。

烟气运动控制方程:

$$\frac{\partial}{\partial t}(\rho_y) + \frac{\partial \rho_y u_{y,z}}{\partial t} = 0 \tag{2-19}$$

$$\rho_y \frac{\partial u_{y,z}}{\partial t} + u_{y,z}\frac{\partial u_{y,z}}{\partial z} = -\frac{\partial P_y}{\partial z} + \frac{\partial}{\partial z}\left(\mu_y \frac{\partial u_{y,z}}{\partial z}\right) + (\rho_{ref} - \rho_y)g + F_{sd,z} \tag{2-20}$$

$$\rho_y c_{p,y}\left(\frac{\partial T_y}{\partial t} + u_{y,z}\frac{\partial T_y}{\partial z}\right) = k_y \frac{\partial^2 T_y}{\partial z^2} + \dot{Q}' - \dot{q}'_{sd} \tag{2-21}$$

式中: $u_{y,z}$ 为烟气在 z 方向的速度。

液滴运动控制方程:

$$m_{sd}\frac{\mathrm{d}\boldsymbol{u}_{sd,z}}{\mathrm{d}t} = -\boldsymbol{F}_{sd,z} + m_{sd}\boldsymbol{g} \tag{2-22}$$

$$m_{sd}c_{p,sd}\frac{\mathrm{d}T_{sd}}{\mathrm{d}t} - \frac{\mathrm{d}m_{sd}}{\mathrm{d}t}q = hA_{sd}(T_y - T_{sd}) \tag{2-23}$$

2.5　细水雾消烟效率计算

在狭长通道内细水雾型水幕阻挡火灾烟气纵向蔓延的情况下,在通道的横截面上存在着雾化均匀、分散度好的细水雾水滴,高速运动的水雾流在通道内冲刷烟气中的炭黑颗粒。在细水雾水幕有效作用范围内,水雾运动速度比烟气纵向流动速度大得多,因此可近似认为雾滴与炭黑粒子的相对速度是水雾流的运动速度。此外,假设炭黑粒子在烟气流动的烟流断面上是均匀分布的。

经分析,对烟尘沉降量影响较大的因素主要有:雾滴与烟尘的相对速度、孤立液滴的捕尘效率、烟尘浓度、捕集区截面积、空间体积含水量、雾滴截面积、雾滴体积。单位长度范围内单位时间烟尘粒子沉降量 ΔM 可以表示为

$$\Delta M = f(U_{sy}, \eta_d, c_y, A, q_s, S_{sd}, V_{wd}) \tag{2-24}$$

通过量纲分析得出

$$\Delta M = U_{sy}\eta_d c_y A q_s S_{sd} / V_{wd} \tag{2-25}$$

式中: ΔM 为烟尘在单位长度范围内单位时间的沉降量, $g/(m \cdot t)$; U_{sy} 为水雾滴与烟尘的相对速度, m/s ; η_d 为单个孤立液滴的捕尘效率; c_y 为烟尘浓度, g/m^3 ; A 为冲刷捕集区截面积, m^2 ; q_s 为空间体积含水量, m^3/m^3 ; S_{sd} 为水雾滴截面积, m^2 ; V_{wd} 为雾滴体积, m^3 。

根据质量守恒方程,烟尘总量为被沉降烟尘量与沉降后粉尘量之和。设狭长通道断面微元体如图 2-7 所示,狭长通道断面积为 A ,取长度 $\mathrm{d}x$,烟尘浓度将低量为 $\mathrm{d}c_y$,则在微元体 $A\mathrm{d}x$ 内可以得到

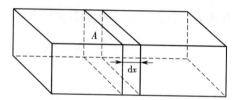

图 2-7　狭长通道断面微元体

$$c_y U_y A = U_y A (c_y + \mathrm{d}c_y) + \Delta M \mathrm{d}x \tag{2-26}$$

将式（2-25）代入式（2-26）得

$$c_y U_d A = U_y A (c_y + \mathrm{d}c_y) + U_{sy} \eta_d c_y A q_s \frac{S_{sd}}{V_{wd}} \mathrm{d}x \tag{2-27}$$

另

$$S_{sd} = \frac{\pi}{4} D_{sd}^2 \tag{2-28}$$

$$V_{sd} = \frac{\pi}{6} D_{sd}^3 \tag{2-29}$$

$$\eta_d = B_0 \eta_p \tag{2-30}$$

$$q_s = \frac{Q}{U_d A} \tag{2-31}$$

式中：U_y 为炭黑粒子随烟气流动的速度，m/s，$U_{sy} = U_d - U_y$；U_d 为水雾滴的运动速度，m/s；D_{sd} 为水雾滴粒径，m；Q 水雾滴体积流量，m^3/s；B_0 为包括截留和扩散作用的实验常数；η_p 为单个孤立液滴惯性碰撞捕集效率；V_{sd} 为水滴体积。

$$\eta_p = [k_p / (k_p + 0.7)]^2 \tag{2-32}$$

式中：k_p 为烟尘粒子运动的无因次惯性参数，称为斯托克斯准数，即

$$k_p = B d_p^2 \rho_p U_{sy} / 9 \mu_g D_{sd} \tag{2-33}$$

式中：B 为坎宁汉滑动修正系数；d_p 为烟尘粒子直径，m；ρ_p 为烟尘粒子密度，$\mathrm{kg/m}^3$；μ_g 为烟气黏度，Pa·s。

由式（2-27）可得，$U_y \mathrm{d}c_y + U_{sy} \eta_d q_s \dfrac{S_{sd}}{V} \mathrm{d}x = 0$，代入相关参数得

$$-\frac{\mathrm{d}c_y}{c_y} = \frac{U_{sy}}{U_y U_d} \eta_d \cdot \frac{Q}{A} \frac{3}{2 D_{sd}} \cdot \mathrm{d}x \tag{2-34}$$

将上式两边积分得

$$\ln c_y = -\frac{3 U_{sy}}{2 U_y U_d A D_{sd}} \eta_d x + a \tag{2-35}$$

假设原始烟尘浓度为 c_0，则 $x=0$ 时，$c_y = c_0$，$a = \ln c_0$，于是

$$\ln c_y - \ln c_0 = -\frac{3 U_{sy} Q \eta_d x}{2 D_{sd} A U_y U_d} \tag{2-36}$$

$$c_y = c_0 \exp\left[-\frac{3U_{sy}Q\eta_d x}{2D_{sd}AU_yU_d}\right]$$ （2-37）

水雾捕集烟粒子的效率 η 为烟尘粒子浓度减少的量除以原始烟尘粒子浓度，即

$$\eta = 1 - \exp\left[-\frac{3U_{sy}Qx}{2D_{sd}AU_yU_d}\right]$$ （2-38）

联立式（2-34）至式（2-38）得

$$\eta = 1 - \exp\left[-\frac{3U_{sy}Qx}{2D_{sd}AU_yU_d}B_0\left(\frac{Bd_p^2\rho_pU_{sy}}{Bd_p^2\rho_pU_{sy}+6.3\mu_gD_{sd}}\right)^2\right]$$ （2-39）

当仅考虑惯性碰撞捕尘机理时，$B_0 = 1$，且取 $B = 1$。火灾烟气中的固体颗粒主要是不完全燃烧或受热分解而得的炭黑颗粒。工业上通常用倾注密度作为粒状炭黑的主要指标，未经造粒的粉状炭黑的表观密度（亦称细粉含量）很小，在 80~190 kg/m³，计算时选 135 kg/m³ 为烟颗粒的密度。细水雾型水幕阻烟实验台，横截面为 2.04 m²（宽 1.2 m，高 1.7 m），火灾烟气的纵向流动速度为 0.8 m/s，烟气动力黏度 $\mu_g = 1.8 \times 10^{-5}$ Pa·s，则式（2-39）可简化为

$$\eta = 1 - \exp\left[-\frac{3U_{sy}Qx}{3.264D_{sd}U_d}\left(\frac{1}{1+8.4\dfrac{D_{sd}}{d_p^2U_{sy}}\times10^{-7}}\right)^2\right]$$ （2-40）

根据式（2-40）可以对细水雾冲刷烟尘粒子的影响因素进行分析。对于高压单流体雾化喷嘴，当雾化喷嘴孔径一定时，喷嘴水流量与供水压力的关系为

$$Q_0 = kd^2\sqrt{p}$$ （2-41）

式中：Q_0 为单个喷嘴水流量，L/min；d 为喷嘴出口孔径，mm；p 为供水压力，MPa；k 为流量系数。

实验中选用的喷嘴出口孔径为 $d = 0.7$ mm，流量系数 $k = 0.92$，细水雾有效作用区域内雾滴速度近似取雾滴在喷嘴出口时速度的一半，即

$$U_d = \frac{Q_0}{2A_0} = \frac{2Q_0}{\pi d^2} = \frac{2\times\dfrac{10^{-3}}{60}kd^2\sqrt{p}}{\pi d^2 \times 10^{-6}} = \frac{100}{3}k\sqrt{p}$$ （2-42）

通道内设置的水幕喷杆由 8 个细水雾喷嘴构成，细水雾型水幕的有效作用宽度 $x = 0.25$ m，近似取 $U_{sy} = U_d$，将式（2-42）代入式（2-40）得细水雾冲刷烟尘粒子的效率

$$\eta = 1 - \exp\left[-17\frac{\sqrt{p}}{D_{sd}}\left(1+0.086\frac{D_{sd}}{d_p^2\sqrt{p}}\right)^{-2}\right]$$ （2-43）

根据式（2-40）和式（2-43），利用 Matlab 进行数据处理运算，可以对细水雾水幕的消烟效率及其影响因素进行分析。

图 2-8 是细水雾平均粒径为 50 μm 时不同喷射压力下的水雾消烟效率曲线。①对于给

定的水雾粒子,当烟尘粒子直径小于 2 μm 时,随着喷射压力的增加,消烟效率变化率不大;当烟尘粒子直径大于 2 μm 时,随着喷射压力的增加,消烟效率变化率增加。②对于给定的喷射压力和水滴粒径,当烟尘粒子小于 5 μm 时,随着烟尘粒子直径的增加,消烟效率增速较大;当烟尘粒子直径大于 5 μm 时,随着烟尘粒子直径的增加,消烟效率趋于平滑,烟尘粒子直径对消烟效率几乎没有影响。

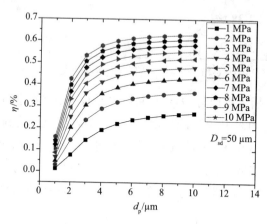

图 2-8　细水雾消烟效率曲线

图 2-9 是喷射压力为 10 MPa 时,不同水滴直径对消烟效率的影响。对于给定的烟尘粒子直径,随着水雾粒子直径的减小消烟效率增加。水滴粒径为 50 μm 时消烟效率为 65%,而水滴粒径为 100 μm 时消烟效率为 40%,消烟效率降低了 25%。而水滴粒径从 150 μm 增加至 200 μm,消烟效率仅从 28.2% 降至 21.5%。这说明,对于火灾烟气中的粒子,在利用细水雾消除时水滴粒径尽可能使用 100 μm 以下的一级细水雾。

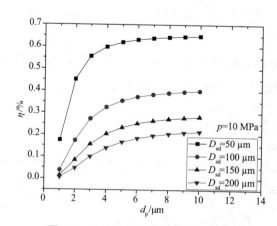

图 2-9　水滴粒径对消烟效率的影响

图 2-10 是水雾作用宽度对消烟效率的影响。当水幕宽度增加时,对于消除 2 μm 以上的烟尘粒子,消烟效率成倍增加。例如,针对细水雾型水幕阻烟实验台,在喷射压力为 10 MPa,在水雾粒子直径为 100 μm 的条件下,对于 5 μm 的烟尘粒子,当水幕宽度为 25 cm

时消烟效率为 35.4%,当水幕宽度为 50 cm 时消烟效率为 58.8%,当水幕宽度为 75 cm 时消烟效率增加至 87.4%。理论分析结果同实验结果一致,增加细水雾型水幕排数可以大幅提高阻烟效果。

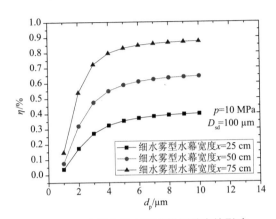

图 2-10　水雾作用宽度对消烟效率的影响

2.6　本章小结

　　针对狭长空间内烟气蔓延的控制,利用细水雾型水幕阻断烟气的纵向流动。对细水雾型水幕阻烟机理进行了分析,建立细水雾与烟气相互作用的数学模型方程。借鉴工业湿式除尘理论,建立细水雾消烟数学模型,得到细水雾消烟效率计算公式,并针对细水雾型水幕阻烟性能实验开展影响因素分析。分析结果表明,细水雾液滴粒径、喷射压力以及细水雾型水幕的宽度是影响消烟效率的主要参数,细水雾粒径越小捕集烟尘粒子的效率越高,喷射压力越大捕集效率越高,水幕宽度越大捕集效率越高。细水雾对于 3 μm 以上的烟尘粒子冲刷效率随各种参数的变化比较明显,而火灾烟气中的颗粒直径通常在 0.1~10 μm,因此对于 3 μm 以下粒子的捕集还需进一步提高雾化效果,得到更细的水雾粒子。

第3章 狭长通道细水雾型水幕阻烟性能实验台的搭建

3.1 引言

细水雾与火灾烟气相互掺混过程是一种涉及两者相互作用机理和两相流理论的复杂物理现象,其中包括了水雾对烟气的降温过程、水滴颗粒对烟尘粒子的冲刷过程以及在高速雾场作用下烟气层的沉降过程。对于这些过程的研究,需要科学的实验,细水雾型水幕控烟效果的定性认识以及过程中的物理现象。实验结果分析得到的经验性结论在验证第2章理论分析的同时,为数值模拟分析以及实际应用参数设计提供实验数据支持。

要开展狭长空间内细水雾型水幕阻烟性能实验,必须搭建狭长空间实验台。设计细水雾型水幕生成系统,系统要满足运行工况稳定,粒径分布和速度分布可调的要求。本章将按照缩比例火灾实验台的搭建方法建造狭长空间,根据不同雾化原理,结合实验参数要求设计制造高压单流体细水雾型水幕系统。

3.2 缩比例狭长空间实验台的搭建

3.2.1 比例模型实验

火灾科学的实验研究,从实验尺寸上可以分为全尺寸实验研究和小尺寸模型实验研究。由于场地、经费和可重复性等条件的限制,开展全尺寸或实体建筑现场实验研究是非常困难的。小尺寸模型实验研究依据物理现象之间的相似性,兼顾了科学性和经济型,可进行重复性验证,成为当前火灾研究的主要方法。按照火灾现象的相似准则,搭建小尺寸建筑模型,利用精密的测量设备进行参数测量,从而推知与其相似的实际建筑中的同类现象。

火灾中的小尺寸模型主要有三类,分别为弗劳德(Froude)模型、类比(Analogy)模型和压力(Pressure)模型。弗劳德模型适用于模拟火灾烟气的流动与传热问题,模型实验在常压下进行;类比模型用于模拟分析两种不同密度的火灾烟气流动;压力模型适用于模拟可燃物的燃烧,模型实验在加压容器中进行。针对隧道纵向通风、集中排烟等烟气控制技术,火灾研究工作者开展了大量的小尺寸模型实验,并取得了丰硕的成果,其中弗劳德模型是使用最广泛的模型。

弗劳德数表示惯性力与重力之比,如下式(3-1)所示:

$$Fr = \frac{v^2}{gl} \tag{3-1}$$

在进行小尺寸模型实验时应遵守时间相似定理、几何相似定理、运动相似定理和火源相似定理等。本研究采用弗劳德相似准则,具体表现为如下几个部分,其中 L 为长度尺寸,m 和 f 分别为模型尺寸和原尺寸。

1)几何长度 X 相似关系(m)

$$x_m / X_f = L_m / L_f \tag{3-2}$$

2)温度 T 相似关系(K)

$$T_m / T_f = 1 \tag{3-3}$$

3)时间 t 相似关系(s)

$$t_m / t_f = \left(L_m / L_f\right)^{1/2} \tag{3-4}$$

4)热释放速率 Q 相似关系(kW)

$$\dot{Q}_m / \dot{Q}_f = \left(L_m / L_f\right)^{5/2} \tag{3-5}$$

5)速度 v 相似关系(m/s)

$$v_m / v_f = \left(L_m / L_f\right)^{1/2} \tag{3-6}$$

6)质量 m 相似关系(kg)

$$m_m / m_f = \left(L_m / L_f\right)^3 \tag{3-7}$$

对于水雾液滴的相似,Heskestad 指出对于液滴与烟气作用过程中的热惯性、湍流强度和热辐射不可能进行相似。对于液滴运动过程的相似,则需要对喷嘴进行几何相似。要求液滴的初始速度、粒径大小、雾通量必须按照 $L^{1/2}$ 进行相似。按照 Heskestad 的研究,对体积流量、喷雾密度、喷雾压力以及液滴粒径按照以下相似关系处理。

7)体积流量 q 相似关系(m^3/s)

$$\dot{q}_{wm} / \dot{q}_{wf} = \left(L_m / L_f\right)^{5/2} \tag{3-8}$$

8)喷雾密度 $\dot{q}''$ 相似关系(l/(m^2·min))

$$\dot{q}''_{wm} / \dot{q}''_{wf} = \left(L_m / L_f\right)^{5/2} \tag{3-9}$$

9)压力 P 相似关系(bar)

$$\Delta P_f = \Delta P_m \left(L_f / L_m\right) \tag{3-10}$$

10)液滴粒径 d 相似关系(mm)

$$d_f = d_m \left(L_f / L_m\right)^{1/2} \tag{3-11}$$

Ingason 运用弗劳德模型建立 1∶23 的小尺寸模型,开展了水喷雾对隧道火灾的灭火效果研究。他的研究中,没有考虑雾化喷嘴的结构尺寸相似,水流量取决于实际喷嘴的选择,因此没有考虑对水雾进行相似,但实验结果也反映了纵向风条件下水雾对火的作用。

本书采用弗劳德相似准则建立几何尺寸 1∶3 的狭长空间比例模型实验台,进行细水雾型水幕系统阻烟实验研究。由于实验设计选用了实际工程应用的细水雾喷头,无法对水雾进行相似处理。另外,由于实验台的比例为 1∶3,实验台的宽度为 1.2 m,高为 1.7 m,长为

6 m,在这样的尺寸条件下细水雾液滴与烟气的相互作用过程是可以体现全尺寸条件下的作用规律的。因此,实验过程中不考虑水雾的相似。

本书以一个狭长通道作为研究对象,在其中设置细水雾型水幕,通过比例模型实验研究细水雾型水幕的阻烟过程。按照上述原则,实际通道与 1:3 比例模型实验台的相应尺寸见表 3-1。

表 3-1 研究对象及实验台几何尺寸

研究对象	尺寸 /m		
	长	宽	高
实际通道	18	3.6	5.1
比例模型实验台	6	1.2	1.7

3.2.2 实验台设计

本书主要以狭长空间为研究对象,研究细水雾型水幕对火灾烟气流动的阻挡作用,水雾的喷射对火源不造成影响,为满足实验要求,实验台功能设计要求如下:

(1)能够反映烟气在狭长空间内的流动蔓延特性;

(2)当稳定的热烟层形成后开启细水雾型水幕,水雾的喷射不会对火源造成影响;

(3)细水雾系统在工作过程中工作压力保持恒定;

(4)可以通过系统压力变化,调整不同工况下水雾的粒径分布、雾通量、雾化锥角等参数,可以通过改变喷淋杆的排数及喷淋杆上喷头个数改变水幕宽度和雾通量;

(5)能够对狭长空间进行排烟设置;

(6)实验过程中能够实时测量温度、照度、烟气成分浓度等参数。

按照实验的目的和功能要求,实验台系统如图 3-1 所示。实验台全长 8.5 m、宽 1.2 m、高 1.7 m,由集烟罩(长 1.5 m)、狭长通道(长 6 m)和自然排烟口(长 1 m)三部分组成。

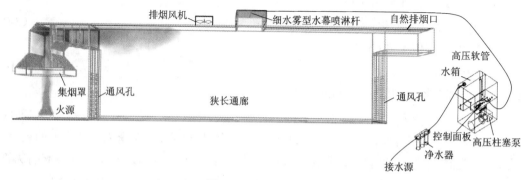

图 3-1 实验台系统

实际工程中,当水幕与火源超过一定距离时,水幕对火源的燃烧过程影响不大。本书主要考虑细水雾型水幕对烟气流动的阻挡,因此将火源设置在实验通道外,避免狭小实验空间内细水雾直接影响火源而降低产烟量和放热量,导致阻烟效果的测量偏差。实验使用汽油火来保证烟气的生成量、流动特性、气体成分和炭黑粒子浓度。

(a)

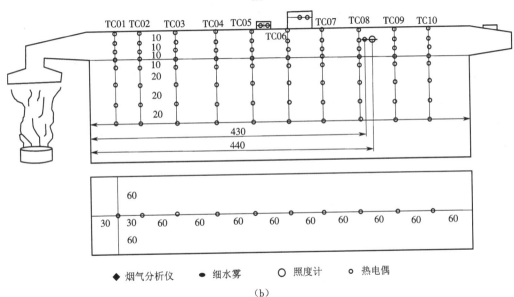

(b)

图 3-2　狭长空间细水雾水幕阻烟实验台及测点布置(单位:cm)

(a)狭长空间细水雾水幕阻烟实验台　(b)测点布置

在狭长通道顶部,距离烟气入口 3 m 处设有 0.45 m×1.2 m 的活动开口,以设置细水雾水幕喷淋杆,喷淋杆最多可设置三排,喷淋杆的间距为 15 cm。由于水雾从喷嘴喷出后,有一段锥形喷雾区,为防止烟气从锥形喷雾区之间的水雾盲区流过,因此喷淋杆的设置高度高于狭长通道 30 cm,即喷雾时可以保证烟气流通路径被水雾颗粒全覆盖。在距离烟气入口 2.5 m 处的通廊中心位置设置排烟风机一台。狭长通道正面选用防火玻璃封挡,以便观测烟气的流动以及在水雾作用下的运动过程;通道顶和背面用水泥板封挡;通道两侧用带开孔的镀锌铁皮封挡,开孔尺寸为 250 mm×5 mm,共 12 组,每组 10 个,以便于通道内形成补风气流模拟狭长通道内的纵向风,通风率为 20%。狭长空间细水雾水幕阻烟实验台如图 3-2(a)所示。

实验工作是在中国人民警察大学的建筑灭火设施大空间实验室内开展的。实验室尺寸为 9 m×9 m×12 m,安装有可上下移动的活动吊顶,吊顶可以在 2~10 m 的高度范围内调节,实验过程中吊顶高度设置为 4 m。实验室北墙上 3.8 m 高度处安装有轴流风机用于实验完成后通风排烟。实验过程中所有门窗、风机关闭以减小室外风对火羽及烟气流动的影响。

3.2.3　实验测量参数及测点布置

狭长空间内细水雾型水幕阻烟实验中将细水雾的喷雾压力、水幕宽度、喷雾角度以及机械排烟作为影响烟气流动的因素进行研究,通过改变某一条件测量,即温度、CO 浓度、可视距离、氧浓度等参数的变化,测定该条件对烟气流动的影响。实验需要用到热电偶、烟气分析仪、照度计以及电子天平等实验设备,这些设备的型号及测量范围将在第 4 章中介绍,测点布置如图 3-2(b)所示。

3.3　细水雾型水幕系统

细水雾技术的核心在于水的雾化,液体雾化技术主要有压力雾化、双流体雾化、旋转雾化和超声雾化等。喷头按原理不同可以分为介质雾化喷头和机械雾化喷头两大类。机械雾化喷头主要依靠水泵提高水压,使水以较高的速度喷射到大气当中,液流受到空气阻力而破碎成液滴。单流体机械雾化喷头又分为直流式、旋流式和撞击式雾化喷头。介质雾化喷头借助雾化介质膨胀产生的动能,将液体燃料破碎成细液滴。应用于细水雾灭火系统时雾化介质主要是氮气或压缩空气,根据气体在雾化过程中的作用机理,介质雾化又可分为射流雾化和气泡雾化。

应用于消防的细水雾雾化方式,以单流体机械雾化和双流体介质雾化为主。双流体雾化系统,可以在较低的压力下获得更小的水雾粒径,但系统和喷头结构相对复杂,都需要水、气两条管路。单流体系统虽然系统压力很大,但系统及喷头结构相对简单,喷雾稳定,更适合大保护面积、固定系统。另外对于实验来讲,单流体系统更容易满足不同水雾特征的要求。因此,本书的细水雾系统选择泵组式单流体形式。

本书使用的细水雾系统主要由高压水泵、水雾喷头、水箱、高压软管、喷淋杆、压力表、压力调节阀、净水器、及控制系统等组成,系统装置如图 3-3 所示。为了能够满足细水雾阻烟性能实验研究,细水雾系统可以通过压力、流量等参数的调节获得不同粒径分布、喷雾速度、雾通量。其中动力系统电机功率为 4 kW,频率为 50 Hz,转速为 1 415 r/min,高压水泵为柱塞泵,其压力范围为 0~12 MPa,流量为 21 L/min。水箱容积为 40 L,水箱补水系统由浮子开关控制,当水位不足时可以自动补水。另外水箱内设有电子水位监控器,当水箱内水位低于该监控器时系统报警并自动停泵,以防止水泵空转。

无论是单流体还是双流体雾化,决定水雾特征的参数除了系统压力外就是细水雾喷头的设计。该系统的水雾喷头选用的是旋流式喷头,此类喷头的雾化锥角大,雾滴粒径均匀,雾场稳定。该喷头由滤网、喷头母体、旋流体组成,为了便于安装、拆卸以及密封严实,喷头采用螺纹连接。喷头出口孔径为 0.7 mm,不同压力下的喷头流量见表 3-2。为了能够得到细水雾型水幕,将喷头均匀布置在长 1.2 m、直径为 1.5 cm 的喷杆上,喷头间距为 16 cm,每根喷杆最多可安装 8 个喷头。细水雾喷头和喷淋杆如图 3-4 所示。

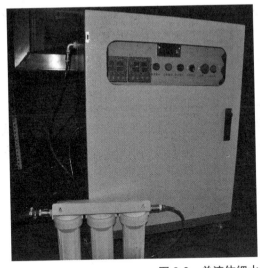

图 3-3　单流体细水雾系统

图 3-4　细水雾喷头和喷淋杆

表 3-2　不同压力下的喷头流量

压力 /MPa	2	4	6	8	10	12
流量 /(L/min)	0.411	0.582	0.713	0.823	0.92	1.014
流量系数 K	0.092	—	—	—	—	—

3.4　细水雾喷头性能及雾特性参数

在高压驱动力作用下,水从喷嘴喷出形成雾化气流,雾化气流由非常细小的液滴群组成。液滴在雾化气流内的分布、液滴大小及均匀度等,除了受水的物性如黏度影响,主要和雾化喷嘴结构尺寸、驱动压力有关。细水雾的喷头性能及雾特性参数直接决定了细水雾系统的灭火、阻烟隔热的有效性。常规喷头性能包括流量特性(通量密度)和雾化锥角。雾特性参数包括液雾尺寸(雾滴粒径)及其分布(雾化均匀度)、雾滴速度、雾滴数密度、液雾体积流量、液雾体积通量等。

3.4.1 雾化锥角

水从喷嘴喷出后,在喷嘴出口处形成由水滴组成的雾化锥,雾化气流又不断卷吸周围的空气并形成扩展的气流边界。从雾化锥根部至喷口一定距离内雾场呈圆锥状,在空气阻力的作用下动能逐渐消失加之中心压力降低雾化锥扩展逐渐减弱。雾化锥扩展的程度通常由雾化锥角表示,雾化锥角的大小决定了喷雾的覆盖面积。由于雾化锥角并不是规则的正圆锥,雾化锥角根据确定方法可以分为出口雾化角 α 和条件雾化角 α_x,如图 3-5 所示。出口雾化角指喷嘴出口中心点到喷雾焰外包络线的两条切线间的夹角,由于喷雾边界在离开喷口后会有一定程度的收缩,出口雾化角直接影响到水雾的空间分布。条件雾化角 α_x 是以喷口为中心在距离喷嘴端面的交点连线的夹角,x 的取值通常在 20 mm 以上。实验时雾化锥角常用条件雾化锥角表示或进行工况比较,它能反映雾滴的运动方向和稳定后的雾场范围。雾化锥角的测量通常是通过先拍摄喷雾照片,再使用量角器测量的方法获得的。

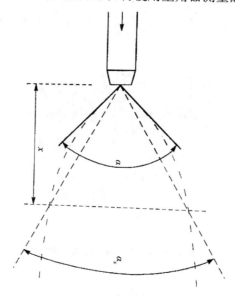

图 3-5 雾化锥角

3.4.2 通量密度(雾通量)

通量密度指单位时间内通过垂直于水雾速度方向上单位面积的容积或质量流量。对于用于灭火或防火分隔的细水雾来讲,通量密度是一个重要的特性参数,具有一定密度的水雾才能保证液雾的刚度,从而压制火焰或改变烟气流动方向。不同的雾化机理、喷头结构以及系统压力决定了通量密度的分布。机械雾化喷头的通量密度呈马鞍形分布,介质雾化喷头一般为抛物线形分布,如图 3-6 所示。另外有些介质喷头中设置了旋流装置,因此在出口下游也会形成中空的区域。

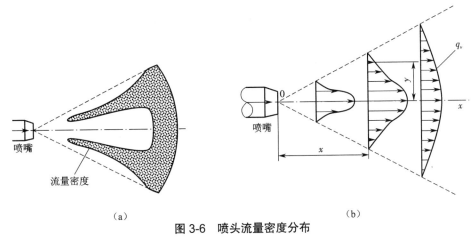

图 3-6　喷头流量密度分布

（a）机械雾化喷头流量密度分布　（b）介质雾化喷头流量密度分布

3.4.3　液滴粒径分布

　　细水雾液滴尺寸大小不一,其直径差别能达到数十倍。为了直观表示雾滴的大小和液雾的均匀程度并便于分析,通常采用平均粒径或特征直径来表征,不同粒径表征方法见表3-3。平均粒径的通用表达式如下:

表 3-3　雾滴粒径的表征方法

类型	名称	表达式	含义
平均粒径	长度平均粒径	$D_{10} = \dfrac{1}{N}\sum\limits_{i=1}^{N} D_i$	是简单的数量平均值,表示所有颗粒的平均粒径大小
	面积平均粒径	$D_{20} = \left(\dfrac{1}{N}\sum\limits_{i=1}^{N} D_i^2\right)^2$	指表面积与所有颗粒平均表面积相等的粒子的直径
	体积平均粒径（VMD）	$D_{30} = \left(\dfrac{1}{N}\sum\limits_{i=1}^{N} D_i^3\right)^3$	指体积与所有颗粒平均体积相等的粒子的直径
	索态尔平均粒径（SMD）	$D_{32} = \dfrac{\sum\limits_{i=1}^{N} D_i^3}{\sum\limits_{i=1}^{N} D_i^2}$	指体积与面积的比值与所有颗粒体积与表面积比值相等的粒子的粒径,即区域内所有雾滴总体积与总表面积的比值
特征直径	$d_{v0.1}$		表示总量10%的雾滴粒径等于或小于该数值
	$d_{v0.5}(d_{50}, d_m)$		表示中值尺寸,即总量50%的雾滴粒径等于或小于该数值,而另外50%大于该数值
	$d_{v0.9}$		表示总量90%的雾滴粒径等于或小于该数值

$$d_{mn} = \left[\left(\sum n_k d_k^m\right) \big/ \left(\sum n_k d_k^n\right)\right]^{1/(m-n)} \tag{3-12}$$

式中: n_k 为对应粒子粒径 d_k 的粒子数量。当 $m=1,2,3$, $n=0$ 时, d_{10}, d_{20}, d_{30} 表示长度平均粒径、面积平均粒径和体积平均粒径;而当 $m=3$, $n=2$ 时, d_{32} 为索泰尔平均粒径（SMD）。通常用 d_{30} 和 d_{32} 描述细水雾的粒径大小。

　　另外,大量的雾滴粒径分布遵循一定的规律。在评价雾化质量时,除了雾滴尺寸外通常采用液滴粒径分布这一指标描述雾化的均匀度。雾滴粒径分布可以用图示法和数学函数表示。图 3-7 为常用的雾滴粒径尺寸分布图。直方图中横坐标为液滴粒径,纵坐标为粒径 $(d_i - \Delta d / 2) < d_i < (d_i + \Delta d / 2)$ 范围内的液滴相对数量或相对质量、相对体积。当 $\Delta d \to 0$ 时,直方图则为反映雾滴粒径分布的频谱分布曲线或累计分布曲线,对累计分布曲线求导即可得出频谱分布曲线。通过实验,对有限次的液滴尺寸测量数据结果进行拟合关联就可以建立数学函数关系描述液滴粒径分布。其函数表达方式包括罗辛 - 拉穆勒(Rosin-Ramumler)分布、高斯分布(正态分布)、对数分布和上限对数分布等。其中应用最为广泛的是 Rosin-Ramumler 分布,其表达式如下:

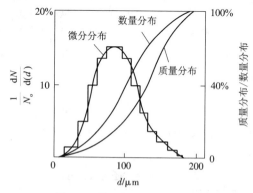

图 3-7　雾滴粒径尺寸分布图

$$R = \frac{V}{V_0} = \frac{M}{M_0} = 1 - e^{-\left(\frac{d_i}{\bar{d}}\right)^N} \tag{3-13}$$

式中:R 为直径小于 d_i 的液滴累积体积或质量百分比;V 为给定直径 d_i 的液滴体积;V_0 为所有液滴总体积;M 为给定直径 d_i 的液滴质量;M_0 为所有液滴的总质量;d_i 为与 R 相应的液滴粒径;$\bar{d}$ 为液滴特征直径;N 为均匀度指数。N 取决于喷嘴结构尺寸、喷雾条件和雾化液体的种类,N 值越大表明液滴粒径范围越小,雾化均匀度越好,现有雾化较好的喷嘴 N 值在 2~4。

　　以往的研究结果表明,细水雾的粒径分布是影响灭火效率的关键因素。水雾粒径越小其比表面积越大,从而越利于水雾的蒸发吸热。然而,小尺寸雾滴的速度衰减更快,极易被外界气流卷走,很难到达燃料表面。将细水雾应用于阻烟隔热同样面临这样的问题。另外,在进行水雾数值模拟时,粒径大小及分布也是必须提前确定的输入参数,因此适当的粒径分布是细水雾应用要着重考虑的问题之一。

3.4.4　喷雾速度

　　喷雾速度是雾场特性的一个重要参数。在细水雾灭火过程中,喷雾速度决定了灭火效果,喷雾速度大则水滴能够穿透火焰到达燃料表面,在湍流作用下水滴和水蒸气深入燃烧区域,稀释氧气和可燃蒸气,从而提高灭火效率。在细水雾作用于烟气层时,喷雾速度决定了烟气的扩散路径,当喷雾速度过小时在蒸发和烟气阻力的作用下喷雾动量迅速降低,水雾液滴被相对高速的烟气卷吸带走,达不到阻烟效果。相反,当喷雾速度远大于烟气速度时,与烟气流动方向相反或垂直的方向上喷雾则会阻挡烟气继续扩散或改变其流向,从而控制烟气扩散。要达到控烟的效果,喷雾速度至少要与烟气的流速相等。用动量表示即喷雾动量大于等于烟气动量。喷雾动量包含了喷雾质量、喷雾速度和喷雾方向。要阻止烟气的扩散蔓延喷雾动量至少应与烟气动量相等,即

$$M_w \geqslant M_y \tag{3-14}$$

$$M_w = (m_{wl} + m_{wv} + m_{av}) \times V_m \tag{3-15}$$

$$M_y = (m_{yp} + m_{ya}) \times V_y \tag{3-16}$$

式中:M_w 为喷雾动量;M_y 为烟羽流的动量;m_{wl} 为液相水的质量;m_{wv} 为水蒸气的质量;m_{av} 为水雾卷吸空气的质量;V_m 为水雾的速度向量;m_{yp} 为燃烧产物质量;m_{ya} 为烟羽流卷吸空气的质量;V_y 为烟羽流的速度向量。

3.5　冷态细水雾雾场特性测量

3.5.1　喷雾雾场形状

喷雾雾场的形状取决于雾化方式和喷嘴结构。对于单流体高压旋流雾化,当液体由喷嘴高速喷出后,在高压和旋流的作用下在喷嘴下方形成空心圆锥状雾场,垂直向下运动一段距离后在空气阻力下雾锥收缩形成柱状雾场,绝大部分雾滴分布在柱形空间内,圆柱区域外有少量的弥散超细液滴。图 3-8 是利用高速照相机拍摄的细水雾喷雾过程,高速相机拍摄速度为 10 张/s。整个过程可以分为三个阶段,即液体喷出阶段、雾锥形成阶段和雾场稳定阶段。液体喷出阶段,在高压的作用下水从喷孔喷出,高速水流受到空气阻力,液滴变形、破碎,随着水大量喷出呈圆锥状扩散,雾场逐渐清晰。雾锥形成阶段,雾滴在高压动力、离心力和重力的作用下,液滴旋转沉降,雾化锥角逐渐扩大,最终形成固定的雾化锥角。雾场稳定阶段,在雾滴下降一段距离后,锥角边缘的雾滴动能逐渐消耗,在空气阻力的作用下锥角边缘形成涡流,阻断了液滴的径向扩散,只有极少的大颗粒液滴突破阻力,沿原来的方向运动,但由于能量的消耗只能弥散在空中,大部分液滴在圆柱区域内垂直下落,形成垂直圆柱雾场,喷雾雾场稳定。稳定后的雾场由空心圆锥区和充实圆柱区组成,雾滴粒径分布和速度分布测量结果也会印证冷喷雾场特征。

图 3-9 为均匀布置单孔喷嘴的细水雾喷淋杆下游雾场形状图。该图从水幕正向和侧向展示了细水雾水幕的液雾分布。整个雾场由空心圆锥区和充实水幕区组成,在着火建筑内的狭长空间或隧道内设置细水雾型水幕可以起到防火、防烟的作用,从而阻断高温和烟气的蔓延扩散。

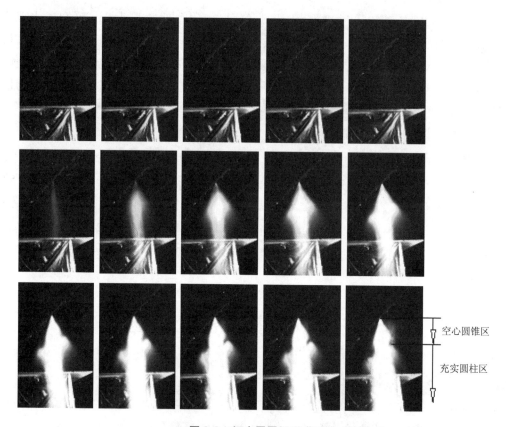

空心圆锥区

充实圆柱区

图 3-8　细水雾雾场形成过程

空心圆锥区

充实水幕区

图 3-9　细水雾喷淋杆下游雾场形状图

3.5.2　雾化锥角测量

雾化锥角决定着细水雾液滴的空间分布范围。雾化锥角大,则喷雾的纵向贯穿深度短,横向覆盖面积大;雾化锥角小,则喷雾的纵向贯穿深度长,横向覆盖面积小。通常雾化锥角的测量是通过对雾场照片的测量得到的。在实验工况所需的压力下开启细水雾系统,待喷雾雾场稳定后,拍摄雾场照片,最后利用量角器对照片上的锥角进行测量。

实验选取了同一个型号的喷头,在不同喷雾压力下利用照相机拍摄雾场图像,然后利用 AutoCAD 软件标定雾化锥角。图 3-10 是不同压力下的雾化锥角测量图,测量结果见表 3-4。测量结果表明,在不同的喷雾压力下,雾场的出口雾化锥角基本相同,差值在 1°~2°,也就是说对于同一个喷头出口雾化锥角与喷雾压力关系不大。王彬和易灿等指出出口雾化锥角只取决于喷嘴的结构尺寸。张永良通过离心喷嘴理论推导分析,得出出口雾化锥角取决于结构特征参数 A,离心喷嘴出口雾化锥角随特征参数 A 的增大而增大;并且通过实验得出,压力在低于 0.75 MPa 时,出口雾化锥角随压力的增加逐渐加大,而压力高于 0.75 MPa 时出口雾化锥角变化不大,趋于稳定。

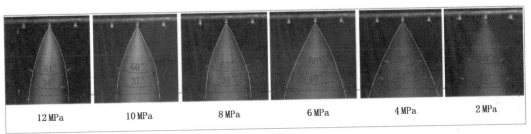

图 3-10　不同压力下的雾化锥角

表 3-4　不同压力下的雾化锥角

压力 /MPa	2	4	6	8	10	12
出口雾化锥角 /°	59	60	60	62	60	61
条件雾化锥角 /°	53	54	49	38	37	34

$$A = \frac{D r_{\mathrm{c}}}{r_{\mathrm{bx}}} = \frac{1-\varphi}{\sqrt{\dfrac{\varphi^3}{2}}} \tag{3-17}$$

式中:D 为进入旋流室的射流之间的距离;r_{c} 为喷口半径;r_{bx} 为旋流槽半径;φ 为喷嘴出口有效界面系数。

从测量结果还可以得出,对于条件雾化嘴角,喷雾压力对其的影响较大。压力为 2 MPa 时,出口锥角和条件锥角基本一致,相差 6°,而 12 MPa 时相差近 30°。条件雾化锥角随着喷雾压力的增加而减小,这是由于喷雾压力大导致喷嘴下游的液滴速度大,造成的空气阻力增加,从而使液雾的运动范围收缩幅度增加,液雾相对更集中。

3.5.3 雾滴粒径分布和速度测量

雾滴粒径分布的测量方法有很多,应用较为广泛的包括:直接测量法(浸渍法和印痕法)、代用液体法(代用液体通常为石蜡)和间接测量法。直接测量法成本较低,但测量计数工作需要大量的人力和时间。代用液体法由于代用液体在喷雾工程中特性变化,喷雾失真较大,测量误差大。随着激光技术、光谱技术和电子信息技术的发展,以光学测量为特征的诊断技术迅速发展,激光间接测量法成为液雾测量的主要手段,由于不会接触雾场,通常带有相匹配的数据处理软件,其测量准确度高、省时省力。激光测速技术包括激光多普勒测速(LDV)、激光相位多普勒测粒径(PDA)、激光粒子图象分析(PIV)等技术,在细水雾雾场诊断上广泛应用。中国科学技术大学火灾科学国家重点实验室,利用三维激光相位多普勒LDV/PIV 对不同工况下的细水雾雾场进行了大量的实验研究。

1. Dual PDA 简介

本书实验中使用的雾场数据采集测量、分析系统是由丹麦 DANTEC 公司制造的激光多普勒动态颗粒分析仪(Dual PDA)。激光颗粒动态分析仪(PDA)主要由激光源发生器、光纤驱动器、传输光路系统、接收光路系统、发射器、接收器、信号处理器、计算机数据终端(包括硬件接口与软件)、三角自动坐标架等组成,如图 3-11 和图 3-12 所示。与其他测量设备相比,Dual PDA 具有以下特点:

图 3-11　PDA 测量系统激光发射和信号处理设备

(1)激光测量为非接触式测量,雾特性不会受外界环境干扰;

(2)可以对单个液滴速度进行逐一测量,并得到一定速度下的雾滴数目;

(3)可测得雾场的瞬时数据和单位时间内的平均数据;

(4)具有很高的空间和时间上的分辨率,平均采样体积小于 1 mm³,采样时间小于几毫秒;

图 3-12　三角自动坐标架和雾场测量照片

（5）测量范围广，雾滴粒径尺寸在 0.5~500 μm，速度测量范围可在 0~250 m/s；

（6）测量方向灵敏、精度高，低速稳定流场平均误差可控制在 1% 内。

该系统的工作原理基于激光多普勒效应，PDA 是激光多普勒测速仪的外延设备，可以同时测量球形粒子的粒径和速度，同时还可以获得雾滴粒子的通量以及局部尺寸与速度的相互关系。Dual PDA 设有一个发射器和一个接收器，发射器发射两束绿光（频率为 514.5 Hz）和两束蓝光（频率为 488 Hz），绿光测量垂直向下 U 方向的速度和颗粒数目的分布，蓝光测量水平方向 V 的速度和颗粒数目的分布；接收器发出紫光（频率为 445.5 Hz），测量水平方向 W 的速度和颗粒数目的分布。六束光（绿光、蓝光、紫光各两束）的焦点汇聚成测量控制体，其体积约为 1 mm³，激光接收器接收通过控制体的微粒的散射光来采集信号。PDA 的测量结果包括雾滴数目、各种平均粒径、数密度、容积流量、容积通量等数据，图 3-13 和图 3-14 为利用 PDA 测得的喷雾综合数据。

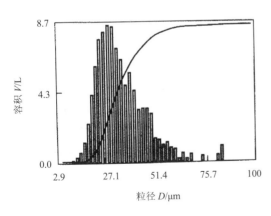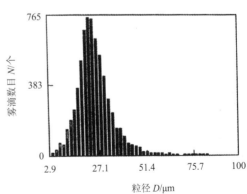

图 3-13　喷雾容积通量和数密度直方图

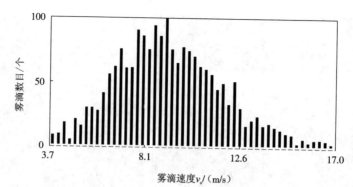

图 3-14　雾滴数随速度变化直方图

粒子直径的测量基于两个探测器测量信号之间的相位差值,如果光的散射主要来自反射,则计算公式如下:

$$\varphi = \frac{2\pi D}{\lambda} \frac{\sin\theta\sin\psi}{\sqrt{2(1-\cos\theta\cos\psi\cos\phi)}} \qquad (3-18)$$

如果光的散射主要来自光的折射,则计算公式变为

$$\varphi = -\frac{2\pi D}{\lambda} \frac{n_{\text{rel}}\sin\theta\sin\psi}{\sqrt{2(1-\cos\theta\cos\psi\cos\phi)[1+n_{\text{rel}}^2-n_{\text{rel}}^2\sqrt{2(1+\cos\theta\cos\psi\cos\phi)}]}} \qquad (3-19)$$

式中折射率 n_{rel} 定义为

$$n_{\text{rel}} = \frac{n_{\text{Partical}}}{n_{\text{Medium}}} \qquad (3-20)$$

粒子速度 U 的测量结果来自运动微粒散射光的多普勒频移差 f_{D},计算公式如下:

$$U = \frac{\lambda}{2\sin(\frac{\theta}{2})} f_{\text{D}} \qquad (3-21)$$

式中: λ 为入射激光的波长; θ 为两个入射激光束的夹角。

2. 实验测点布置

按照离心式机械雾化喷嘴的雾场特征,根据 3.5.1 节中得到的喷嘴下游雾场形状,在距离喷嘴出口的不同高度处径向设置测点。根据 3.5.2 节中雾化锥角的测量结果,在雾场内共设置 4 个测量面 4 排测点,分别在圆锥雾区内设置两排距离喷嘴出口 100 mm 和 200 mm,充实水柱雾区内设置两排距离喷嘴出口 300 mm 和 600 mm 的测点。雾化锥角选取测量结果条件雾化锥角的平均值,即 45°,分别设置为 11 个、16 个、25 个、25 个 4 组测试点,每两个测点间的径向间距为 10 mm,测点布置如图 3-15 所示。

3. 雾滴的粒径和速度分布

利用 PDA 按照图 3-15 的布置对喷雾雾场进行测量,得到每个测点的粒径、速度直方图。图 3-16 为 6 MPa 工作压力下距离喷嘴出口 10 cm、20 cm、30 cm 和 60 cm,且距离雾场中心线 30 mm 的雾滴粒径和速度分布直方图。从图中可以看出,该工况下得到的雾滴粒径主要分布在 100 μm 以下,对于整个雾场每个测点的雾滴粒径呈泊松分布,越靠近喷嘴其粒径分布范围越窄,粒径越小。在距喷嘴出口 10 cm 处,粒径数量峰值在 25 μm 左右,所有水滴粒径在 50 μm 以下,平均粒径为 33.6 μm;当距喷口 20 cm 处,粒径数量峰值在 40 μm 左右,所有水滴粒径在 100 μm 以下,平均粒径为 44.7 μm;当距喷嘴出口 30 cm 和 60 cm 处,出现了大于 100 μm 的大粒子,但大粒子数量很少,粒径数量峰值都在 100 μm 以下,平均粒径分别为 52.7 μm 和 76.4 μm。雾滴粒径随着距离喷嘴出口的距离增加而增大,这是由于液滴在喷嘴下游运动的过程中,大量粒子相互碰撞重新凝结在一起造成的。从粒径直方图还可以看出,随着距离喷嘴出口距离的增加,粒径尺寸范围增大,这说明在刚从喷嘴出口喷出的一段距离内液滴相对均匀,液滴粒径尺寸差别不大。

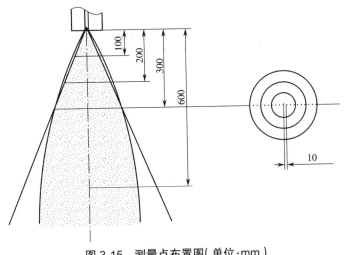

图 3-15　测量点布置图(单位:mm)

从图 3-16 还能得到雾场不同高度范围内的速度分布。其中 U 为纵向垂直向下的分速度,V 和 W 分别为横向水平方向的两个分速度。垂直方向雾滴速度随着与喷嘴出口距离的增加而减小。在距离喷嘴出口 10 cm 时,U 速度峰值为 32.5 m/s,平均速度为 35.9 m/s;而在 6 cm 时,U 速度峰值为 24.2 m/s,平均速度为 26.8 m/s。由于喷嘴为旋流喷嘴,因此液滴在水平方向上具有 V 和 W 两个分速度,并且随着与喷嘴出口距离的增加速度峰值从 15 m/s 降至 8 m/s,粒子旋转能力逐渐消失,液滴的运动方向主要表现为纵向垂直向下。

通过对液滴粒径和速度直方图的分析可以得出:利用本书所选用的喷嘴可以得到一级细水雾,从液雾捕集烟尘粒子的能力来讲,该水雾的粒径范围适合用于烟尘粒子的捕集;本书所选用的喷嘴下游可以形成动量较大的细水雾水幕,其速度和动量远大于烟气水平的流动速度,因此在细水雾水幕的作用下可以改变烟气的流动方向,从而达到阻止烟气继续向下游扩散的目的。

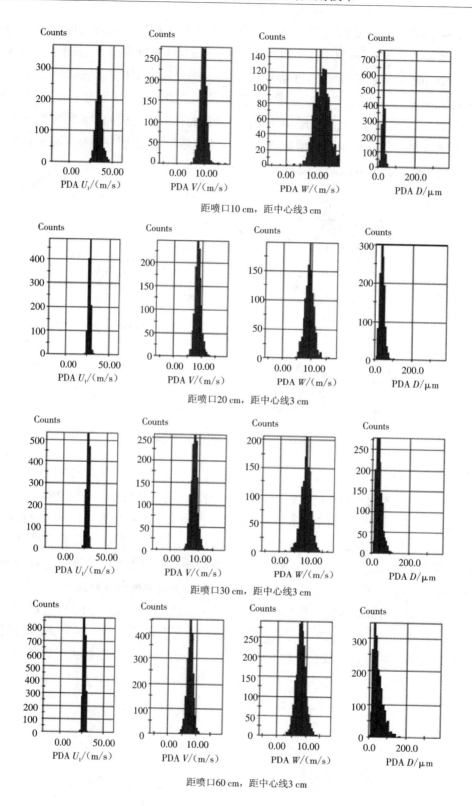

图 3-16　6 MPa 工作压力下雾滴粒径和速度分布

4. 平均雾滴粒径的空间分布

利用 PDA 自带的数据处理软件可以由某点的雾滴粒径分布直方图得到该点的平均雾滴粒径,进而得到整个雾场空间的平均雾滴粒径分布。图 3-17 为不同压力下雾滴平均粒径空间分布。图 3-17 可以得出以下结论。

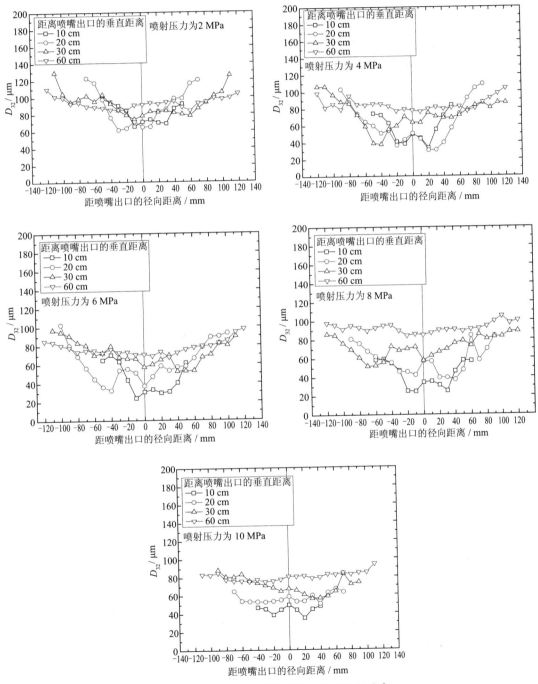

图 3-17 不同压力下雾滴平均粒径空间分布

（1）与冷喷雾场形状吻合，雾场以喷嘴出口中心线为对称轴呈对称分布，距喷嘴出口30 cm 以上空间喷雾呈圆锥状，30 cm 以下为圆柱分布，喷雾范围直径在 23~26 cm。

（2）平均雾滴粒径随着压力的增加逐渐减小，压力达到 6 MPa 以上后液滴粒径基本不再增加，距喷嘴出口大于 30 cm 后液滴粒径保持在 70~80 μm；2 MPa 工况下的雾滴在纵向粒径差别不大，雾化效果较其他工况差，粒径分布在 80~100 μm。

（3）距喷嘴出口 0~30 cm 的空间范围内，径向平面上平均雾滴粒径从中心线向外逐渐增大，这是由于选用的为离心喷嘴，在离心力的作用下液滴向外运动的同时会产生凝并，并且随着喷雾压力的增加粒径增加的幅度增加，如 6 MPa 时距离喷嘴出口 20 cm 的平面上中心处的平均粒径为 40 μm，雾场外缘平均粒径为 100 μm，8 MPa 时距离喷嘴出口 20 cm 的平面上中心处的平均粒径为 62 μm，雾场外缘平均粒径为 83 μm；垂直方向上，靠近雾场中心随着与喷嘴出口距离的增加液滴平均粒径增大，远离雾场中心液滴粒径差别不大。

（4）距喷嘴出口 30 cm 以外的空间范围内，雾场进入稳定的圆柱区域，无论是在径向还是在垂直方向，雾场内的液滴平均粒径都趋于稳定，粒径尺寸差别不大，这时的雾场比较均匀更加适合作为防火分隔的水幕应用。

为了更加直观地比较雾场轴向的液滴粒径分布和不同喷雾压力对水雾粒径的影响，对各平面所有测点的平均粒径进行数值平均，见表 3-5。从表 3-5 可以看出：相同喷雾压力下，雾滴平均粒径随着与喷嘴出口距离的增加而增加；同一平面上，随着喷雾压力的增加平均液滴粒径减小，但喷雾压力达到 6 MPa 后压力增加不能显著改善雾滴的平均粒径。

表 3-5　不同压力下各平面雾滴的平均粒径

与喷嘴出口的距离	平均粒径 /μm				
	2 MPa	4 MPa	6 MPa	8 MPa	10 MPa
10 cm	81.52	57.12	44.61	42.92	43.81
20 cm	89.62	68.88	62.31	58.3	56.85
30 cm	92.97	74.48	72.48	72.7	70.75
60 cm	93.49	84.64	77.67	92.66	80.67

5. 轴向平均雾滴速度的空间分布

对雾滴速度分布直方图进行平均处理，得到测点的平均雾滴速度，进而得到整个雾场空间的平均雾滴速度的空间分布。图 3-18 为不同喷雾压力下雾滴平均速度空间分布。从图中可以看出：在距喷嘴出口 30 cm 以内的圆锥雾场范围内，喷雾速度沿径向波动较大，以 6 MPa 喷雾工况为例，距喷嘴出口 20 cm 的平面上最大平均雾滴速度为 40 m/s，在距雾场中心 30 mm 的位置；而最低平均速度为 30 m/s，在雾场中心。从旋流雾化喷嘴中喷出的雾滴具有轴向速度和切向速度，雾滴螺旋向下运动，在喷嘴出口附近形成一个空心区域，该区域内的液滴数量较少，轴向速度偏低。在空心区域外，由于液滴凝并作用粒径增大，在高压和重力的作用下液滴速度增加，相应的平均速度增大，而接近雾场边缘时，由于空气阻力和速度的衰减,轴向速度和径向速度都又开始降低。在轴向上,距离喷嘴出口 0~20 cm 圆锥雾场范围内平均速度衰减得很快;在 20~30 cm 以内速度波动放缓,30~60 cm 的圆柱雾场范围内平均速度基本稳定在 25 m/s 左右。

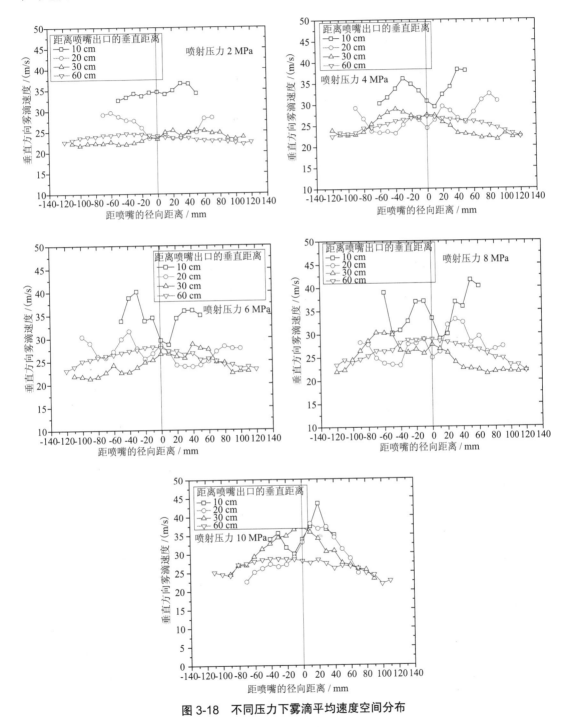

图 3-18　不同压力下雾滴平均速度空间分布

对各平面所有测点的平均粒径进行数值平均,得到表 3-6 不同压力下各平面雾滴平均速度。从表 3-6 可以看出:相同喷雾压力下,喷雾液滴平均速度随着距离喷嘴出口距离的增加而减小;同一平面上,随着喷雾压力的增加平均液滴速度增大,但平均速度增加幅度很小,都在一个数量级内。

表 3-6　不同压力下各平面雾滴平均速度

距喷嘴出口的距离	平面平均速度 /(m/s)				
	2 MPa	4 MPa	6 MPa	8 MPa	10 MPa
10 cm	34.42	33.53	34.53	34.91	35.25
20 cm	26.19	26.9	26.96	27.5	29.83
30 cm	23.36	24.61	24.25	24.88	30.23
60 cm	23.4	25.07	25.7	26.15	26.47

3.5.4　细水雾通量测定

雾通量(water mist flux)是细水雾的特性参数之一,一定时间内通过一定面积的水雾滴质量或体积除以面积和时间就得到细水雾的物流密度(water mist flux density),即单位时间内通过单位面积的雾通量。雾通量是细水雾灭火性能的关键参数,同样也是消烟的关键参数。

雾通量的测量方法主要有量杯收集法和间接测量积分计算法。量杯收集法是在喷头下方按照水雾的喷洒范围布置一定数量的量杯,收集水雾,将收集到的水量除以收集时间,计算该时间段内的平均雾通量分布。我国的自动喷水灭火系统和水喷雾灭火系统的喷头保护面积和喷洒强度就是利用该方法进行测定的。另外,美国消防协会(National Fire Protection Association)公布的细水雾防火系统标准 NFPA750 中也利用量杯收集法来测定细水雾的雾通量。

参照以上做法,本书利用量杯收集法对细水雾型水幕系统开展雾通量测量,如图 3-19 所示。其中,(a)为单排水幕,在喷杆下方布置 5 排量杯,每排 11 个,量杯尺寸为 15 cm×15 cm;(b)为双排水幕,喷杆间隔 25 cm,在喷杆下方布置 8 排量杯,每排 11 个。喷杆距地面高度为 1.7 m,水雾收集时间为 3 min。

图 3-20 和图 3-21 分别为不同压力下单排和双排细水雾型水幕雾通量分布图。从图中可以看出,压力变化影响着雾通量,但对细水雾型水幕的宽度基本没有影响。单排喷杆下游的水雾主要分布在 0.4 m×1.2 m 的范围内,双排喷杆下游的水雾主要分布在 0.9 m×1.2 m 的范围内,位于边缘的集水盒在单位时间内收集到的水量很小,雾通量低于 0.02 kg/(m²·s)。由于水雾系统的流量随着压力的增加而增大,因此雾通量也随着压力的增加而增加。对于单排水幕,其核心雾场的雾通量在 0.04~0.08 kg/(m²·s),而双排喷杆形成的水幕雾通量范围为 0.04~0.22 kg/(m²·s),最大雾通量集中在两排水幕有交集的中间部位。

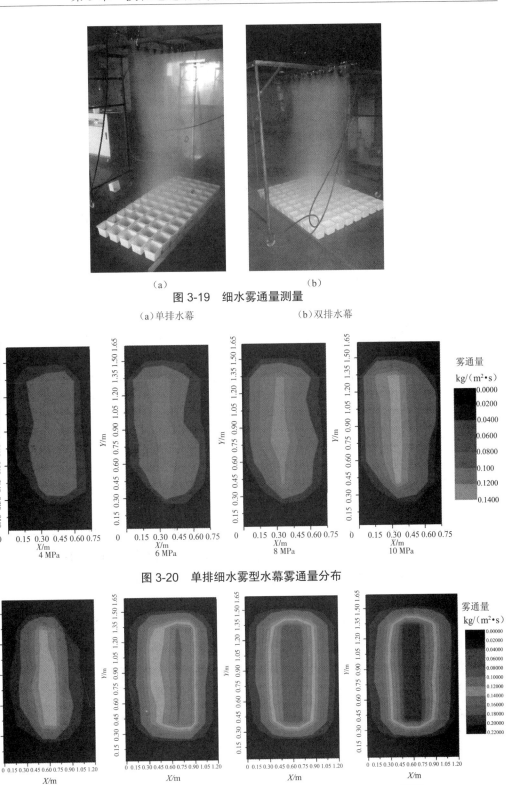

图 3-19　细水雾通量测量

（a）单排水幕　　　　　　　　（b）双排水幕

图 3-20　单排细水雾型水幕雾通量分布

图 3-21　双排细水雾型水幕雾通量分布

由于水雾喷射扰动周围气流流场变化,喷射压越低,喷杆排数越小,细水雾水幕边缘受到的气流扰动越大,因此在压力较低的工况下雾场边缘雾通量分布变化较剧烈,分布图边缘不规则,在实际应用中应合理选择喷杆数量和喷射压力,从而增加水幕强度,提高水幕稳定性和阻烟能力。

3.6　本章小结

为了开展狭长空间细水雾型水幕阻烟性能实验,本章按照相似原理搭建了 1:3 的狭长空间实验台。同时设计开发了一套工作压力可控的高压单流体细水雾型水幕系统。利用激光多普勒动态颗粒(Dual)分析测量仪(PDA)、收集、高速摄影拍照等方法对细水雾雾场特性进行测定,得到细水雾雾场特性,为下一步开展细水雾型水幕阻烟隔热性能研究奠定基础。通过实验测量得到以下结果。

(1)本书选用的细水雾系统工作压力可在 0~12 MPa 之间调节,各压力下得到的水雾雾滴粒径均在 100 μm 以下,属于一级细水雾,通过水雾喷头的布置可以得到水雾密集、覆盖全面的细水雾型水幕。

(2)利用高速照相机拍摄,得到了细水雾冷喷雾场的形成过程以及雾场形态,喷雾稳定后的雾场可以分为圆锥喷雾区(范围在距离喷嘴出口 30 cm 以内)和圆柱喷雾区(范围在距喷嘴出口 30 cm 以内)。

(3)利用 AutoCAD 软件对雾场照片进行测量分析,得到不同压力下的雾化锥角。测量结果表明,工作压力大于 2 MPa 时,喷雾压力对同一个喷嘴的出口的雾化锥角影响不大,本书选用的喷嘴出口雾化锥角在 60° 左右;条件雾化锥角随着喷雾压力的增加而减小,当压力小于 6 MPa 时在 50° 左右,大于 6 MPa 时在 35° 左右。

(4)利用激光多普勒动态颗粒分析仪(Dual PDA)测量了雾场的粒径分布。相同喷雾压力下,喷雾液滴粒径随着距离喷嘴距离的增加雾滴平均粒径增加;同一平面上,随着喷雾压力的增加平均液滴粒径减小,但喷雾压力达到 6 MPa 后压力增加不能显著改善雾滴平均粒径。

(5)利用激光多普勒动态颗粒分析仪(Dual PDA)测量了雾场的速度分布。相同喷雾压力下,喷雾液滴平均速度随着距离喷嘴距离的增加而减小;同一平面上,随着喷雾压力的增加平均液滴速度增大,但平均速度增加幅度很小,都在一个数量级内。

(6)通过收集法测量了单排喷杆和双排喷杆下游的雾通量分布。对于单排喷杆水雾主要分布在 0.4 m×1.2 m 的范围内,核心雾场的雾通量在 0.04~0.08 kg/(m²·s);双排喷杆水雾主要分布在 0.9 m×1.2 m 的范围内,水幕雾通量范围为 0.04~0.22 kg/(m²·s)。

第4章 狭长通道内细水雾型水幕阻烟性能实验研究

4.1 引言

20世纪70年代,在英国的一次商场火灾实验中,实验人员注意到烟气在水喷淋作用下的沉降现象,沉降的烟气充满了整个空间。之后,国内外学者针对水喷淋水滴与火灾烟气的相互作用开展了一些实验研究。Morgan等将烟气从燃烧室引入一个扁平的高大空间,通过对烟气层温度的影响分析了水喷淋对烟气的冷却作用。中国科学技术大学的张村峰、李思成等搭建了烟水耦合实验台,研究了烟气层在水喷淋作用下的失稳现象以及烟层沉降对自然排烟的影响。武汉大学的唐智等利用烟囱将烟气导入一个 2 m×2 m×1.95 m 的集烟罩内,然后开启水喷雾系统,开展了水喷雾作用下热烟气沉降的实验研究。这些研究的对象都是建筑房间内形成的具有一定厚度的烟气层,另外水滴颗粒较大,水喷淋的液滴粒径为毫米级,水喷雾的水滴粒径也在 500 μm 以上。而本书的实验将以狭长空间内水平流动的烟气为研究对象,在自主设计的实验台上,利用细水雾型水幕系统研究粒径小于 500 μm 的细水雾对烟气流动的阻挡作用,并分析影响细水雾型水幕阻烟效果的因素。

4.2 实验测量设备介绍

本实验将细水雾的喷雾压力、水幕宽度、喷雾角度以及机械排烟作为影响烟气流动的因素进行实验研究,通过改变某一条件测量温度、O_2 浓度、CO_2 浓度、CO 浓度、可视距离等参数的变化,测定该条件对烟气流动的影响结果。实验中需要用到热电偶、烟气分析仪、照度计以及电子天平等实验设备。

4.2.1 温度测量

通道内布置 K 型铠装热电偶对着火空间进行温度测量,反映火灾的发生、发展及蔓延过程。本实验选用 Φ1 mm 的 K 型铠装热电偶测量狭长通道内的温度,其温度测量范围为 -50℃~800℃,用 Φ2 mm 的 K 型铠装热电偶测量火源上方的温度,其温度测量范围为 -50℃~1 200℃。采用泓格 ICP-I7018 八通道数据采集模块对测量结果进行采集,数据采集时间步长为 1 s,热电偶产生的电压信号通过采集模块将转换为温度值,通过 RS232 端口传输给计算机,测量数据在计算机上实时显示并记录为 Excel 文档储存。数据采集模块和采集软件界面如图 4-1 和图 4-2 所示。

图 4-1　数据采集模块

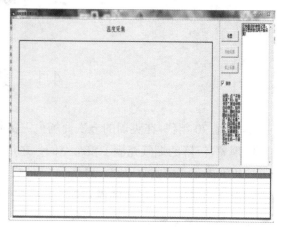

图 4-2　数据采集软件界面

为了能够全面反映狭长通道内的烟气流动过程和通道内的温度分布,本实验设置了 80 个热电偶测量点,测点布置如图 4-3 所示。这些热电偶分为 10 组热电偶串编号为 TC01、TC02……TC10,每串 8 个热电偶,从通廊顶棚向下依次编号为 TC01-1~TC01-8、TC02-1~TC02-8……为了监测油池上方的火焰温度,从油盘中心燃油表面向上 10 cm 布置了 4 个热电偶,热电偶间距分别为 10 cm,如图 4-4 所示。

图 4-3　通道内热电偶测量布置

图 4-4　火源上方热电偶布置

4.2.2　烟气成分分析

对于火灾烟气成分及含量的测量,本实验采用的是德国约克公司生产的 MRU 烟气分析仪,如图 4-5 所示。该仪器采用电化学传感器测量原理,可以分析测量所有液态、固态及气态燃料燃烧所生成的烟气成分。该仪器可测烟气成分及测量范围如表 4-1 所示。

图 4-5　MRU 烟气分析仪

表 4-1　MRU 烟气分析仪测量成分及浓度范围

成分	测量范围
O_2	0~20.9%
CO	0~1.0%
CO_2	0~20.0%

4.2.3　烟气减光性分析

火灾烟气中含有大量的固体和液体微粒,这些粒子的粒径通常在几微米到几十微米,大于可见光波长的 2 倍,因此对可见光具有完全的遮蔽作用。当火灾烟气蔓延时建筑空间内能见度大大降低,成为阻碍人群疏散的主要原因。火灾科学中,通常使用烟粒子的光学浓度,即烟颗粒的减光系数来表征烟粒子浓度。减光系数利用光学法测定。光源 A 发出的光的强度为 I_0,光透过烟气层到达距光源 l 处的受光器 B 时的强度为 I,根据比尔定律,I_0 和 I 之间存在下列关系:

$$I = I_0 e^{-C_s l} \tag{4-1}$$

由上式得减光系数

$$C_s = \frac{1}{l} \ln \frac{I_0}{I} \tag{4-2}$$

实验中使用型号为 TES-1339R 的照度计和一个 40 W 的白炽灯泡粒测不同工况下狭

长通道内照度的衰减,以反映火场的烟气减光性,从而检验细水雾型水幕系统的阻烟效果。在没有烟气时测得的照度对应 I_0,当烟气通过时测得的照度对应 I。白炽灯作为发光源安装在通道水泥背板上,距离烟气出口 440 cm,距离通道顶棚 10 cm。照度计安装在白炽灯的正对面接收白炽灯发出的光,测量结果通过 RS232 端口传输给计算机,测量数据在计算机上实时显示并记录为 TXT 文档储存。照度测量范围分为 5 挡,每挡的最大测量值分别为 99.99 lx、999.9 lx、9 999 lx、99 990 lx 和 999 900 lx,取样率为 5 次 /s,测量误差为 ±3%,数据自动存储容量为 40 000 组。TES-1339R 照度计和照度数据采集如图 4-6 所示。白炽灯和照度计在实验台上的安装位置如图 4-7 所示。在没有烟气的情况下,白炽灯与照度计的间距为 1.2 m 时,照度为 80 lx。

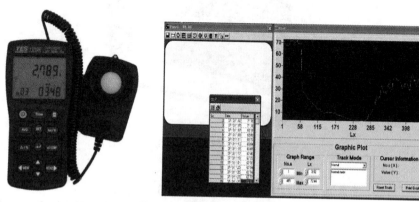

图 4-6　照度计及其数据采集

图 4-7　白炽灯和照度计的安装位置

4.3 实验工况设置

影响细水雾型水幕阻烟性能的主要因素取决于细水雾和烟气的特性。细水雾的特性参数有细水雾的粒径分布、雾通量、喷雾速度和喷雾角度,这些参数变化主要体现在喷雾压力、喷雾与烟气流动方向的角度和水幕宽度。反映烟气流动特性的参数包括温度、气体浓度和照度,而决定这些参数的因素为火源的热释放速率、排烟方式(自然排烟和机械排烟)和通风情况。综上所述,本书选择油盘尺寸、水雾喷射压力、喷射角度、水幕排数、细水雾的开启时间、机械排烟量和两侧通风率作为影响细水雾水幕阻烟隔热性能的主要因素,具体实验工况见表 4-2。

表 4-2 实验工况表

工况	油盘直径 /cm	水幕参数					排烟量 /(m³/S)	备注
		喷射压力 /MPa	开启时间 /s	喷头个数 /个	排数 /排	喷射角度 /°		
1	25	–	–	–	–	–	–	
2	35	–	–	–	–	–	–	
3	25	4	60	8	1	90	–	
4	25	6	60	8	1	90	–	
5	25	8	60	8	1	90	–	
6	25	10	60	8	1	90	–	
7	25	6	60	16	2	90	–	
8	25	8	60	16	2	90	–	
9	25	4	60	8	1	45	–	
10	25	6	60	8	1	45	–	
11	25	8	60	8	1	45	–	
12	25	6	60	8	1	90	0.257	
13	25	6	60	8	1	90	0.21	
14	25	6	60	8	1	90	0.159	
15	25	6	60	8	1	90	–	端面开启一半

4.3.1 排烟风机风量标定

机械排烟是火灾烟气控制的重要手段,结合细水雾水幕的阻烟在水幕上游设置机械排烟风机能够改善水幕与火源之间的环境条件。实验中在水幕前设置风机排烟,风机均选用 FZY-4E250(功率:50 W,风量:1 300 m³/h),通过调速开关对风机转速进行调节改变排烟量,转速等级分为 3 挡,风机和调速开关如图 4-8、4-9 所示。在风机出口截面设置 8 个测点,利用风速仪测量计算风机出口平均风速,结合风口面积计算不同转速下平均风量,测点布置如图 4-8 所示,测量结果见表 3-2。

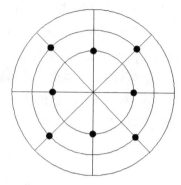

图 4-8　排烟风机及风速测点布置

图 4-9　调速开关

表 4-3　风机风量测量值

一挡								
测点	风速 /(m/s)					测点平均风速 /(m/s)	出口平均风速 /(m/s)	平均风量 /(m³/s)
1	1.48	1.67	1.25	1.01	0.96	1.274		
2	0.82	0.97	0.86	0.93	0.87	0.89		
3	2.70	2.36	2.45	2.30	2.43	2.448		
4	4.35	4.58	4.32	4.35	4.25	4.37		
5	4.53	3.96	3.54	3.72	3.48	3.846	3.234	0.159
6	4.47	4.12	4.20	3.95	4.09	4.166		
7	3.72	3.84	3.70	3.91	4.05	3.844		
8	5.20	5.17	5.24	4.94	4.60	5.03		

二挡								
测点	风速 /(m/s)					测点平均风速 /(m/s)	出口平均风速 /(m/s)	平均风量 /(m³/s)
1	1.48	1.12	1.38	1.32	1.23	1.306		
2	1.38	1.50	1.37	1.63	1.70	1.516		
3	3.45	2.41	2.76	2.85	2.65	2.824		
4	5.41	5.02	4.55	4.74	4.35	4.814	4.28	0.21
5	6.54	6.16	5.82	5.84	6.06	6.084		
6	5.96	5.60	5.74	5.45	5.72	5.694		
7	6.06	5.80	6.02	5.94	6.02	5.968		
8	6.40	5.72	6.16	5.84	6.06	6.036		
三挡								
测点	风速 /(m/s)					测点平均风速 /(m/s)	出口平均风速 /(m/s)	平均风量 /(m³/s)
1	2.40	2.51	1.34	1.89	1.35	1.898		
2	2.09	1.68	1.74	1.92	2.1	1.906		
3	3.80	2.96	3.75	4.08	3.46	3.61		
4	6.16	5.94	6.06	6.21	6.25	6.124	5.236	0.257
5	7.41	8.40	7.35	7.05	7.38	7.518		
6	6.5	7.1	6.75	7.02	6.8	6.834		
7	6.3	6.11	6.0	6.7	6.35	6.292		
8	7.9	7.74	8.06	7.68	7.15	7.706		

4.3.2　热释放速率测试

热释放速率是决定火场温度分布和烟气生成量的基本参数,该参数的确定是火灾实验的基础。氧耗法和燃料失重法是测量热释放速率的常用方法。氧耗法是分析燃烧产物的组份得到燃烧过程中氧气的消耗量,从而计算热释放速率。该方法得到的结果比较精确,但在烟气控制研究的实验中对烟气组份进行有效测量十分困难。相比而言,失重法在实体火灾实验中使用得较多,本书同样采用失重法测量不同尺寸油盘的质量损失速率,进而得到相应的热释放速率,计算公式为式(4-3),其中,Q 为热释放速率(kW);η 为燃烧效率 0.7~0.8;m_c 为燃料的瞬时质量损失率(kg);ΔH_c 为燃烧热值(kJ/kg)。实验中燃油的质量由精度为 0.001 g,采样频率为 1 Hz 的电子秤测得。实验分别使用了直径为 25 cm、35 cm 和 40 cm 的圆形油盘,燃料为 93# 汽油,图 4-10 为不同尺寸油盘汽油质量损失曲线。在获得燃料的质量损失曲线后,可以计算出不同直径的油盘的质量损失速率,进而利用公式计算得到相对应的热释放速率,见图 4-11。

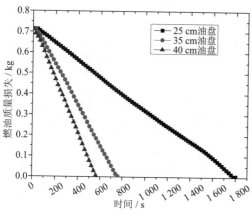
图 4-10　不同尺寸油盘汽油质量损失曲线

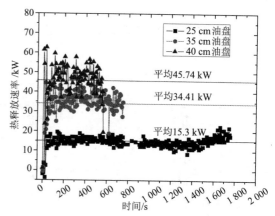
图 4-11　不同尺寸油盘汽油燃烧的热释放速率曲线

$$Q = \eta m_c \Delta H_c \tag{4-3}$$

$$m_c = \frac{m_t - m_{t+\Delta t}}{\Delta t} \tag{4-4}$$

燃料的瞬时质量损失率 m_c 可以由质量损失对时间微分得到,由于油池火的火焰及羽流在燃烧过程中会周期性地振动,因此燃料的瞬时质量损失率也会随之波动。燃料的瞬时质量损失率按照公式(4-4)计算,其中 Δt 取 5 s。经计算,不同尺寸油盘的平均热释放速率见表 4-4。

表 4-4　热释放速率

燃料	热值 /(kJ/kg)	油盘直径 /cm	热释放速率 /kW
93# 汽油	43 700	25	15.3
		35	34.41
		40	45.74

4.4　无细水雾水幕工况下通道内火灾烟气蔓延过程

4.4.1　烟气蔓延过程

图 4-12 为 1 L 汽油在 25 cm 油盘内点燃后通道内的烟气蔓延过程。烟气从集烟罩进入通道后,首先沿通道顶棚形成顶棚射流并以 0.2~0.3 m/s 的速度向下游流动,如图 4-12(a)所示。由于自然排烟量不足,烟气在通道末端最先开始下沉,如图 4-12(b)所示。之后,烟气层从后向前逐渐形成,并逐渐向下填充,在 60 s 时通道内形成稳定的烟气层,由上至下填充,107 s 时烟气层高度前后基本一致,高度在距地面 0.5 m 左右。随着烟气生成量的增加,到 205 s 基本充满整个通道。整个烟气流动过程可以分为:顶棚射流、通道末端沉降、烟气层形成和完全填充四个阶段。对于人员疏散安全来讲,在狭长通道内远离火源的通道末端或烟气沉降处更为危险。在烟气层到达疏散人群平均高度之前实施烟气控制措

施,将烟气控制在一定的区域内进行排除,这样有利于受灾人员的安全疏散。在其他实施喷淋的实验工况中,根据图 4-12 显示的烟气蔓延过程,选择点火后 60 s 开启细水雾水幕控制烟气向下游的扩散。

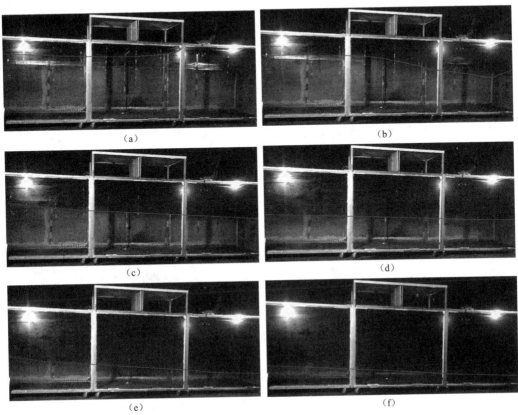

(a)　　　　　　　　　　　　　　　　(b)

(c)　　　　　　　　　　　　　　　　(d)

(e)　　　　　　　　　　　　　　　　(f)

图 4-12　烟气在通道内的蔓延过程(25 cm 油盘 无喷淋)

(a)17 s　(b)35 s　(c)60 s　(d)107 s　(e)153 s　(f)205 s

对于不同尺寸圆形油盘的油池火,在没有机械排烟和其他设施干涉的情况下,烟气蔓延规律一致,但油盘尺寸越大热释放速率越大,相应的烟气蔓延速度越快。35 cm 的油池火,在 60 s 时通道内烟气层高度就已达到距地面 0.5 m 左右,109 s 时烟气基本充满整个通道。

4.4.2　通道内温度场分布

通道内的温度场分布是影响人员安全疏散的重要指标,它可以反映烟气的运动过程。实验中利用 10 组热电偶束(TC01~TC10)测量了火灾过程中通道内的温度场,图 4-13 和图 4-14 分别为工况 1、2 的温度场分布曲线,通过分析可以得到以下结论。

(1)由于工况 1、2 没有对火源和烟气的蔓延采取任何控制措施,温度分布的变化过程可以分为快速发展、稳定过渡和衰减降低三个过程,该过程反映了火源从点燃到稳定燃烧,再到衰减熄灭的发生、发展过程。同时在不对烟气的蔓延扩散加以控制的情况下,烟气的扩散遵从区域模型理论,分为热烟气层和冷空气层,但很快烟气将充满整个空间,这对于火场的人员疏散是非常不利的。

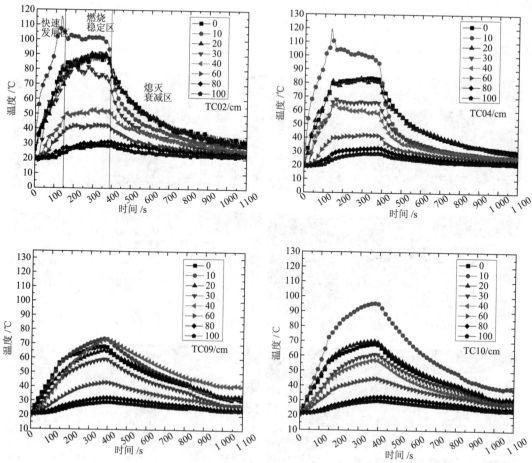

图 4-13　工况 1 温度分布曲线(25cm 油盘,无喷淋)

（2）通道内的温度最高的区域在距离顶棚 10 cm 的位置。对于 25 cm 油池火最高温度稳定在 100℃左右,以 50℃为划分烟气层的标准,高温热烟气层在距离顶棚 40 cm 的范围内。对于 35 cm 油池火最高温度稳定在 140℃左右,以 50℃为划分烟气层的标准,高温热烟气层在距离顶棚 60 cm 的范围内。在通道的末端,由于烟气堆积和排出,热交换增强,在温度衰减之前温度持续处于上升状态,但上升速率减小,对于 25 cm 的油池火,TC10 处的最高温度为 98℃,高于 TC09 处近 20℃,35 cm 的油池火,TC10 处的最高温度为 138℃,高于TC09 处近 35℃。

（3）火源热释放速率（油盘尺寸的大小）决定了通道内温升变化的速率,热释放速率大相应的温升快,火灾危险性大。35 cm 油池火,TC08 之前距顶棚 60 cm 以上空间的温升速率几乎是 25 cm 油池火的 3 倍,工况 2 温度达到稳定的时间为 50 s,而工况 1 的时间则为150 s。

（4）根据温度场随时间的变化曲线,在油池点燃 60 s 后通道内距离顶棚 40 cm 以内已经达到 50℃以上,温度场基本进入稳定区,结合烟气蔓延过程的分析,将其他工况中的细水雾喷射时间确定在点火 60 s 之后,并且在点火 4 min 之后熄灭火源。

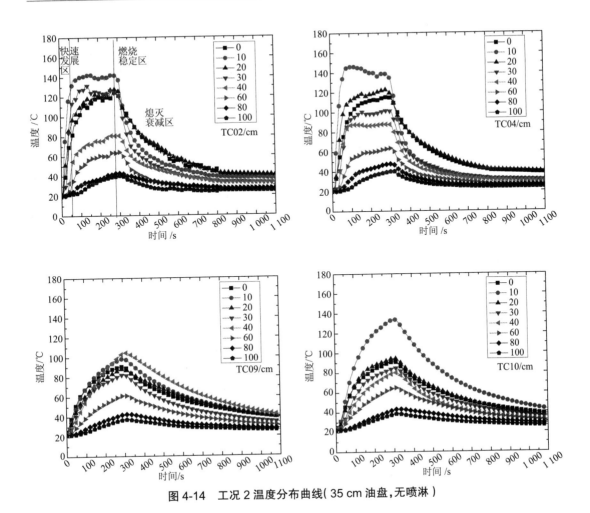

图 4-14　工况 2 温度分布曲线(35 cm 油盘,无喷淋)

4.4.3　通道内气体的浓度变化

火灾中除了高温,缺氧和烟气中的有毒气体是导致人员伤亡的直接原因。实验过程中,在距离顶棚 10 cm,距离烟气入口 4.3 m 的通道中心位置设置了烟气成分分析仪测点,通过对 O_2 浓度、CO 浓度以及 CO_2 浓度的测量分析烟气浓度的变化过程。图 4-15、4-16、4-17 分别为工况 1 和工况 2 的 O_2 浓度、CO_2 浓度和 CO 浓度的变化曲线。火灾过程中,O_2 浓度和 CO_2 浓度的变化过程与温度相对应,经历了快速降低、稳定发展和逐步升高三个阶段,CO 浓度在灭火之前一直处于上升阶段,当火源熄灭后迅速下降。对于 25 cm 的油池火,点火之后随着烟气的蔓延 O_2 浓度首先快速下降,100 s 时浓度稳定在 19.6%,450 s 后氧浓度逐渐回升至 20.7%。对于 35 cm 的油池火,由于产烟量偏大,O_2 浓度下降的速率相应增大,点火后 100 s 内下降至 18.9%,比工况 1 降低了 0.7%。相对 O_2 浓度的降低,CO_2 和 CO 的浓度增加,CO_2 同样经历一个快速的增长阶段然后达到稳定阶段。CO 的增长过程起初相对平缓,达浓度峰值的时间比 O_2 和 CO_2 滞后,在点火 200 s 后陡然增加至极值,随后随着燃料的燃尽逐渐降低回归。对于 25 cm 的油池火,CO_2 浓度最高稳定在 0.9%,而 35 cm 的油池火 CO_2

浓度稳定在 1.3%~1.4%。对于 25 cm 的油池火，CO 浓度最高为 5.68×10^{-4}，而 35 cm 的油池火 CO 浓度稳定在 6.80×10^{-4}，这样的浓度已超过火场逃生的安全极限，因此需要采用相应的控制措施对烟气的蔓延扩散加以控制和排除，以改善火场的逃生和救援环境。

4.4.4 通道内照度的变化

可视距离也是判断火场安全性的重要参数之一，本书利用照度的变化体现通道内可视距离的变化，在距离烟气入口 4.4 m，距离顶棚 10 cm 的通道侧壁设置白炽灯和照度计监控火灾过程中照度的变化。图 4-18 为工况 1 和工况 2 的照度变化曲线，从图中可以看出当烟气蔓延至照度计的设置位置时照度骤然下降，工况 1 降至 30 lx 后下降速度开始趋缓，最低降至 5 lx 后照度又逐渐上升，800 s 时保持在 30 lx 以下。工况 2 的照度在骤降至 10 lx 附近下降速度缓和，最低降至 0 lx 然后照度有所回升，800 s 时仍在 20 lx 以下。这说明烟气扩散到的地方可视距离会迅速下降，漆黑的环境会导致逃生人员迷失方向，引发恐慌成为阻碍人群疏散的重要因素，必须利用一些有效手段保证火场的可视距离。

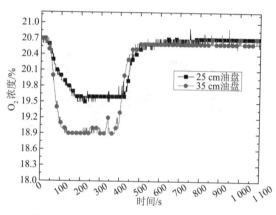

图 4-15 无细水雾作用的 O_2 浓度变化曲线

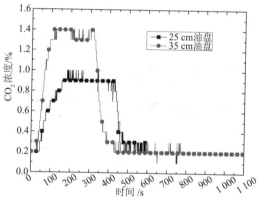

图 4-16 无细水雾作用的 CO_2 浓度变化曲线

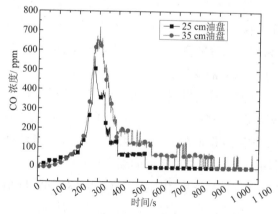

图 4-17 无细水雾作用的 CO 浓度变化曲线

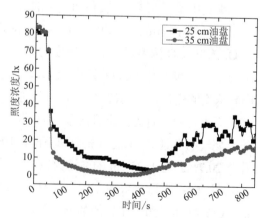

图 4-18 无细水雾作用的照度变化曲线

4.5　细水雾水幕作用下通道内火灾烟气蔓延过程

4.5.1　烟气蔓延过程

图 4-19 为细水雾型水幕作用下通道内烟气流动过程(工况 4)。细水雾水幕在点火 60 s 后开启,没有开启水幕之前烟气的蔓延与工况 1 基本一致,在通道内形成烟气层流,烟气在蔓延至通道末端时下沉并逐渐在通道内形成稳定的烟气层,如图 4-19(a)所示。当水幕开启后,由于水雾在喷雾下游的速度大于烟气的流速,水雾在烟气的高温作用下蒸发吸热降低了烟气流的温度,加上水雾粒子和烟气粒子间的凝并,在水雾作用范围内烟气的流向发生偏转,烟粒子随水雾下沉如图 4-19(b)和 4-19(c)所示。同时由于高速卷吸,水雾范围外烟气层上升可视距离明显增长。同时由于通道高度的限制,水雾与烟气混合后的流股在向下撞击通道地面后,发生横向扩散逐渐填充通道下部空间,由于通道两侧补风量不足,通道空间较小,通道内环境由下向上逐渐恶化。在水幕的阻烟作用下,燃烧产生的烟气拥阻在水幕上游,如图中 4-19(d)水幕上下游可视距离相差很大,水幕后通道背板上的反光条清晰可见。由于水雾的冷却,烟水混合流动力不足,自然排烟作用减小,285 s 时水幕后可视距离条件也逐渐恶化。与没有细水雾水幕作用的工况 1 相比,工况 4 前 285 s 水幕下游的环境条件始终优于前者,这表明烟气的流动扩散在细水雾水幕的作用下得到了控制,但仍需要结合通风排烟维持水幕下游的环境。

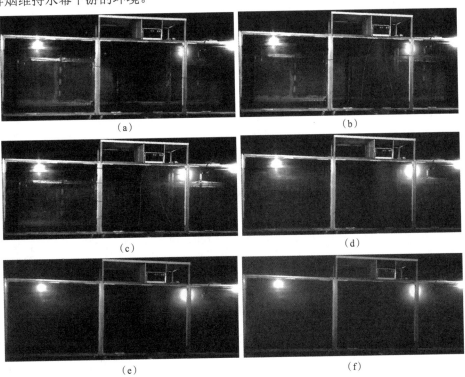

图 4-19　烟气在通道内的蔓延过程(25 cm 油盘,6 MPa 细水雾)

(a) 58 s　　(b) 62 s　　(c) 67 s　　(d) 149 s　　(e)255 s　　(f) 285 s

4.5.2　通道内温度场分布

图 4-20 为细水雾水幕作用下通道内的温度分布,与图 4-13 相比通道内的温度得到了大幅改善。细水雾开启前,温度变化与工况 1 一致,距顶棚 30 cm 以上空间的温度快速上升,距顶棚 10 cm 处温度最高。TC04 处距顶棚 10 cm 处的温度最高为 75℃,距顶棚 20 cm 处的温度最高为 56℃,距顶棚 40 cm 处的温度最高只达到了 35℃。点火 60 s 开启细水雾后,距离顶棚 10~40 cm 范围内的温度迅速下降至 35℃ 以下,温度变化没有了稳定发展过程,而水幕上游顶棚处的温度保持了缓慢上升的趋势,但温度也没有超过 65℃,40 cm 以下空间的温度始终保持在 20℃ 的环境温度。温度被有效控制,是由于水雾对通道的降温冷却作用,同时水雾和烟气混合流在撞击地面后的折射流动也影响了温度的分布,结合烟气蔓延过程录像可以看出由于空间大小的限制,水雾和烟气混合流出现了向水雾主流区回流的过程,而回流范围在距顶棚 10 cm 以下的空间,因此顶棚处的温度没有急剧下降。在细水雾水幕下游,从 TC09 和 TC10 的温度变化可以看出,通道上部空间温度在水雾喷射前是升高的,而后随着水雾的冷却逐渐下降,整个过程温度都没有超过 45℃。

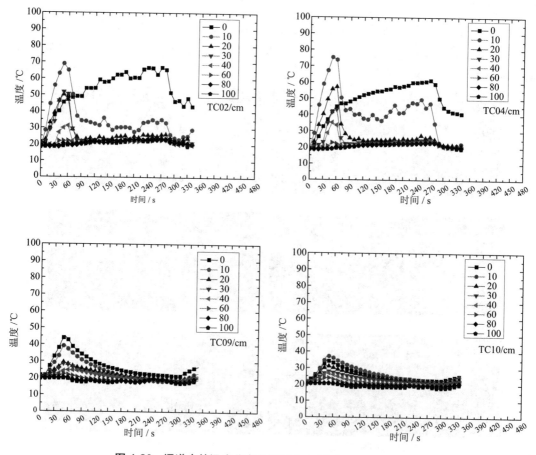

图 4-20　通道内的温度分布曲线(25 cm 油盘 6 MPa 细水雾)

通过以上分析,可以得出细水雾水幕对狭长空间起到了冷却作用,对烟气的扩散流动起到了阻挡作用,将通道分为高温和低温两个区域,水雾对通道的冷却作用明显,通道内温度的降低为火场逃生提供了有利条件。

4.5.3　通道内组分气体的浓度变化

图 4-21、4-22、4-23 分别为无细水雾水幕(工况 1)和有细水雾水幕(工况 4)下 300 s 内 O_2 浓度、CO_2 浓度和 CO 浓度的变化过程比较曲线。两种工况下各参数的变化也说明细水雾水幕的设置起到了阻挡烟气扩散的作用。从图 4-21 可以看出,在细水雾喷射之前,两种工况 O_2 浓度曲线基本一致,随着烟气量的增加 O_2 浓度下降;工况 1 的浓度在 150 s 时达到稳定, O_2 浓度维持在 19.7%,而工况 3 的 O_2 浓度在水雾喷射后逐渐回升,在 90 s 时回到 20.4%, O_2 浓度提升了 0.7%,这是由于水雾的喷射一方面阻挡了烟气的流动,另一方面水雾的喷射引入了新鲜空气从而提高了水幕后的 O_2 浓度。CO_2 浓度的变化与 O_2 浓度变化过程恰恰相反,图 4-22 显示 60 s 之前两种工况的 CO_2 浓度都是上升的;60 s 之后,工况 1 的 O_2 浓度持续上升,在 150 s 时达到稳定,浓度维持在 0.9%,工况 4 由于细水雾水幕的作用 CO_2 浓度开始下将,稳定在 0.4%。图 4-23 显示了 CO 浓度的变化过程,两种工况下 CO 的浓度曲线在 300 s 内基本一致,由于 CO 不溶于水,细水雾水幕的喷射对 CO 的阻挡不明显,水幕开启后 CO 浓度还在继续升高,但升高速率比工况 1 下降了 41.6%,这主要是因为在关闭细水雾的同时人为熄灭了火源,通道内的残余烟气继续向通道末端流动。CO 的变化过程说明,细水雾水幕虽然起到了阻烟隔热的作用,但并不能完全隔断烟气中气体成分的扩散,像 CO 这样不溶于水的气体仍会透过水雾。

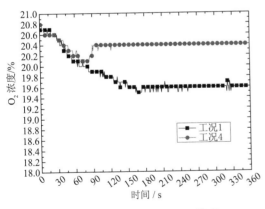

图 4-21　有、无细水雾作用的 O_2
浓度变化曲线比较

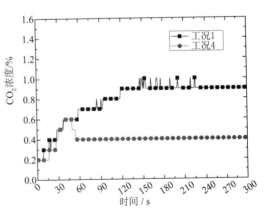

图 4-22　有、无细水雾作用的 CO_2
浓度变化曲线比较

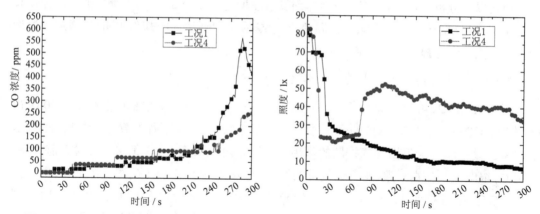

图 4-23 有、无细水雾作用的 CO 浓度变化曲线比较 图 4-24 有、无细水雾作用的照度变化曲线比较

4.5.4 通道内照度的变化

图 4-24 为无细水雾水幕(工况 1)和有细水雾水幕(工况 4)下通道内照度的变化过程比较。两种工况的变化过程同样分为水雾喷射前和水雾喷射后。喷雾前照度变化基本一致,当烟气蔓延过来后照度迅速下降,60 s 内通道内的照度降至 25 lx。工况 1 由于没有采取烟气控制措施,照度持续下降 360 s 时降至 10 lx 以下,而工况 4 在开启细水雾水幕后,照度迅速回升,之后照度平均值保持在 45 lx,两者相比后者通道内的照度提高了 35 lx。由于影响照度的主要是烟气中的炭黑粒子,而水雾喷射后水滴粒子与炭黑粒子凝并,水雾有效的冲刷了烟气中的炭黑粒子,因此照度得到了有效的提高。

4.6 影响细水雾水幕阻烟隔热性能的因素研究

细水雾型水幕的性能受到水雾粒径、喷雾速度、雾通量、喷雾角度等参数的影响,对于固定的雾化喷嘴来讲以上参数的变化主要取决于喷射压力、水幕排数以及喷射角度。水幕与机械排烟系统的耦合控制也是提高烟控效果的手段。本节将从喷射压力、水幕排数、喷射角度、机械排烟量和通风方面研究细水雾型水幕的阻烟性能。

4.6.1 喷射压力的影响

根据烟气层蔓延过程的分析,选择水幕前后 TC03 和 TC09 距离顶棚 10 cm 和 40 cm 处的温度变化进行分析,图 4-25 是不同喷射压力下通道内的温度变化曲线。从图中可以得出,水雾喷射具有很强的冷却作用,水雾开启后各点温度变化都由上升转为下降,如 TC03 的 10 cm 处, 4 MPa 时温度先下降,然后稳定在 60℃左右,当熄灭火源后温度迅速降至室温, 6 MPa 时,温度稳定在 50℃左右, 10 MPa 时则稳定在 40℃左右,这表明随着压力的增加温度降低程度越大;在 TC09 处,温度上升的趋势被水幕截断,并迅速下降至室温。结果表明水幕的隔热性能良好,并随喷射压力的增加温降速率增加。

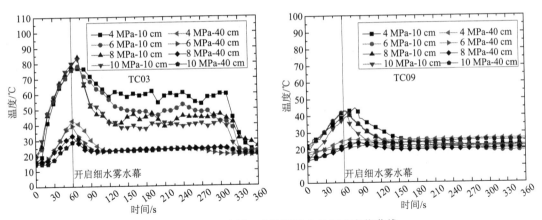

图 4-25　不同喷射压力下通道内的温度变化曲线

图 4-26、4-27、4-28 分别为不同喷雾压力下 O_2、CO_2 和 CO 浓度的变化曲线，不同压力下各组分浓度变化趋势相同。当水幕开启后各工况的 O_2 浓度都回升，6 MPa 和 8 MPa 时回升速度最快 30 s 内 O_2 浓度回升至 20.4%，10 MPa 工况下在 90 s 后也回升至 20.4%，而 4 MPa 在 120 s 后 O_2 浓度回升至 20.2% 后保持稳定。CO_2 浓度也随着水幕的开启逐渐下降，最终 4 MPa 工况稳定在 0.5%，其余工况稳定在 0.4%。CO 浓度在整个实验过程中一直处于上升过程，4 MPa 工况下上升速度最快，最终达到了 376×10^{-4}，而其余工况则都在 250×10^{-4} 以下。压力对浓度影响不明显，4 MPa 时各组分浓度变化率最差，压力高于 6 MPa 时，各组分浓度变化率相差不大。由于工况 1 至工况 14 实验中通道两侧的开孔率较低，实验中的烟气各组分浓度变化趋势一致，但数值区分度不高，阻烟隔热效果主要体现在温度和照度变化上，因此在其他影响因素分析中，不再分析组分浓度的变化。

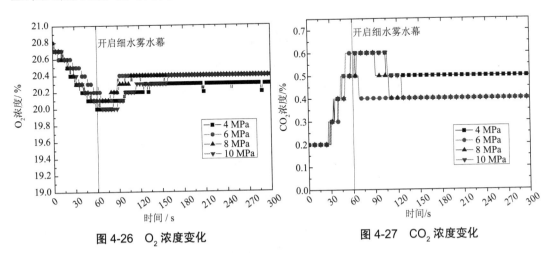

图 4-26　O_2 浓度变化　　　　　　　**图 4-27　CO_2 浓度变化**

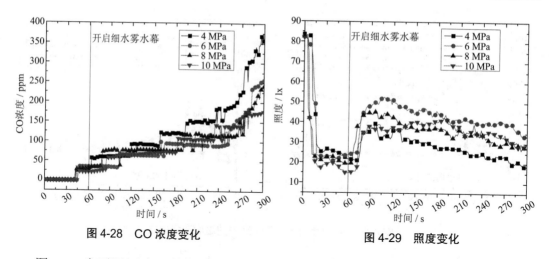

图 4-28　CO 浓度变化　　　　　　　　　图 4-29　照度变化

图 4-29 为不同压力下细水雾下游照度变化曲线。点火后通道内照度下降稳定在 15~25 lx 之间,细水雾水幕开启后,水幕下游照度迅速回升,之后又出现缓慢下降趋势。造成这种变化过程的原因是:①水雾作用后,烟气流动的热驱动力减弱,自然排烟效率降低,烟气在通道内滞留;②受到实验通道尺寸限制,两端的开孔率为 20%,通道内的对流效果差;③受到通道高度限制,水雾和烟气混合流在向下撞击地面后形成反弹,混合流向上逆流导致通道内照度再次下降。从图中可以看出喷雾压力在 6 MPa 时照度从最低 24.5 lx 回升至 53.4 lx,4 MPa 时由 22.5 lx 回升至 38.6 lx,8 MPa 时由 20 lx 回升至 45 lx,10 MPa 时由 15 lx 回升至 40 lx。整个过程中 6 MPa 工况下水雾下游照度最大,4 MPa 的照度最低。由于 4 MPa 时的雾滴粒径大、雾通量小,因此阻烟效果较差。其他工况,由于细水雾冲刷烟粒子的效率提高,阻烟效果明显,但在压力超过 6 MPa 时由于烟水混合流的动量增加,当撞击地面后反弹作用明显,反弹的气流回升导致照度回升率降低。

通过以上分析得出,压力变化对温度和照度的影响明显。温度下降率随压力增大而增大,而照度则在 6 Mpa 时回升率最大,因此在实际应用时应根据通道的实际尺寸和人员疏散的要求合理选择喷雾压力,在保证温度条件的情况下最大限度提高通道内的照度,就本实验而言 6 MPa 时的阻烟冷却效果最佳。

4.6.2　水幕排数的影响

喷淋杆排数的设置主要反映雾通量对阻烟性能的影响,图 4-30 为不同水幕排数作用下 TC03 和 TC09 处的温度变化。由于总流量和雾通量的增加,冷却效果增大,双排水幕时通道内的温度下降幅度更大。同时从图中也可以看出压力变化对温降的影响。水幕前,6 MPa 时距顶棚 10 cm 处两种工况下的温降均在 30℃左右,但在温度稳定前双排水幕时的温降速度快于单排水幕;8 MPa 时双排幕工况的温降和温降速度都明显优于单排水幕,单排工况下温度从最高 85℃降至 45℃左右,而双排工况下则从最高 80℃降至 30℃左右,这表明随着水幕排数的增加,隔热性能增加,水雾对通道的冷却作用加强。水幕前距顶棚 40 cm 处的温度也随着水幕的开启下降,但由于水幕开启前此处的温升不大因此水幕的冷却作用体现得不明显。在水幕后,通道横截面的温度随着水幕的开启迅速下降,距顶棚 10 cm 处温度升高至 40℃后随着水幕开启迅速降至室温。

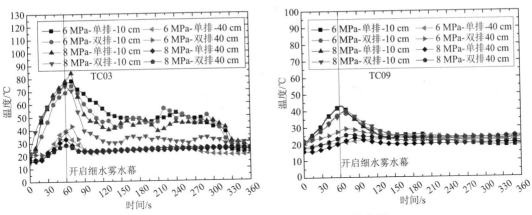

图 4-30　不同水幕排数通道内的温度变化曲线

图 4-31 为不同压力下,单双排水幕喷射工况下通道内的照度变化曲线。曲线变化可以得出,6 MPa 时双排水幕工况下照度从 25 lx 回升至 55 lx,平均照度比单排时高 5 lx。8 MPa 工况下双排水幕时照度同样优于单排水幕,平均照度比单排时高 3 lx。双排水幕工况下通道内的照度大于单排水幕,即喷雾宽度增加(雾通量增加)可以提高细水雾水幕的控烟效果。

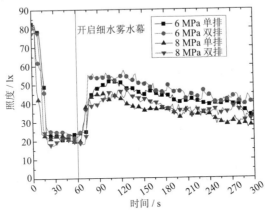

图 4-31　不同水幕排数照度变化曲线

4.6.3　喷射角度的影响

图 4-32 为喷射角度为 45°和 90°的情况下 TC03 和 TC09 处的温度变化。TC03 处的温度变化表明改变喷射角度后,由于喷射角偏向于烟气来流方向,在水滴的直接冷却和水雾的卷吸作用下,TC03 处的温降增加,并且喷射压力越大温降越大。6 MPa 的喷射压力下,距顶棚 10 cm 处的温度从 80℃降至 30℃,距顶棚 40 cm 处的温度也迅速降至室温。在水幕下游的 TC09 处,靠近顶棚处温度刚升至 40℃便被抑制。从温度角度讲,喷射角度的改变加大

了水幕上游的温度降低程度,然而由于水雾的卷吸和碰撞地面后的反弹恶化了水幕前的环境。

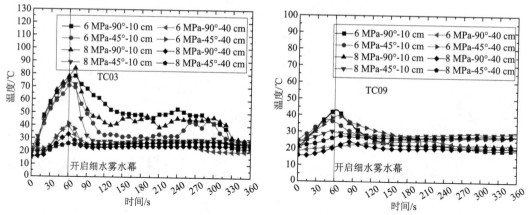

图4-32　不喷射角度道内的温度变化曲线

图4-33为喷射角度为45°和90°的情况下水幕下游通道内的照度变化曲线,从图中可以看出喷射角度的改变并没有提高水幕下游通道内的照度。6 MPa压力工况下,水幕垂直喷射时照度最高回升至55 lx,而45°斜向烟气来流方向喷射时照度最高回升至40 lx,随后两种工况下照度又都缓慢下降,45°喷射工况的照度比垂直喷射时平均低10 lx。6 MPa压力工况下,两种工况的照度相差不大,但45°喷射工况的照度同样低于90°喷射工况的照度。引发这种现象的原因是喷射角度偏转后,水幕垂直向下的速度被消弱,而与烟气流动相反的水平速度有没有明显提高,因此消弱了促使烟气改变流动方向的动力,水平穿过水幕的烟气量增加。

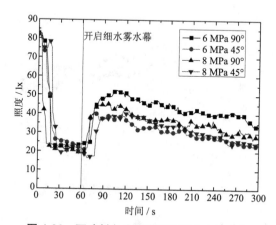

图4-33　不喷射角度下水幕的照度变化曲线

通过对温度和照度的分析表明,水雾喷射角度的改变在降低水雾上游温度的同时阻烟效果被削弱,由于水雾的卷吸作用水雾上游的环境条件恶化,同时下游的可视距离并没有改善,因此就阻烟效果来讲垂直喷射要优于偏向烟气来流方向的45°喷射,在实际应用中建议喷雾角度选择垂直喷射。

4.6.4　排烟的影响

在前面的实验中,由于通风和实验台空间限制,水幕开启后大量烟气拥阻在水幕前的空间。工况 15 在水幕前设置排烟风机,风机位置及排烟量见图 3-1 和表 4-2,实验中排烟机和水幕同时开启,验证细水雾型水幕和机械排烟耦合作用下的烟气控制效果。

图 4-34 为不同排烟量下 TC03 和 TC09 处的温度变化。TC03 距顶棚 10 cm 处,单排水幕开启后温度下降,排烟量为 0.16 m³/s 时,温度在不排烟工况曲线上下波动,温度最高值甚至超过了没有排烟的工况;排烟量为 0.21 m³/s 时,温度曲线仍上下波动,但温度始终低于没有排烟的工况;排烟量为 0.26 m³/s 时,温度曲线波动幅度减小,温度最终稳定在25℃。温度变化曲线表明机械排烟的介入,对通道内的烟气流动产生扰动,加速了烟气的纵向流动,温度曲线随之波动,机械排烟量不足时温度波动剧烈,加大排烟量能够改善排热效果。由于开启水幕前温度只上升到40℃,加上水雾撞击地面后反弹加速下部空间的冷却,TC03 距顶棚 40 cm 处的温度迅速下降至室温,甚至更低。TC09 处整个截面的温度都得到有效控制,距顶棚 10 cm 处最高升至40℃便迅速下降,而距顶棚 40 cm 以下温度没有超过25℃。

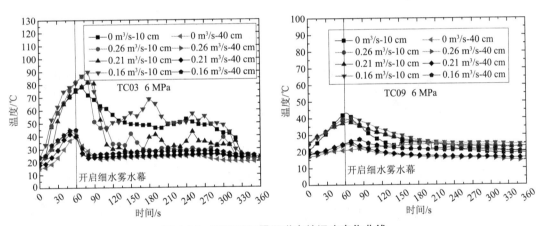

图 4-34　不同排烟量通道内的温度变化曲线

图 4-35 为不同排烟量下水幕下游通道内照度变化曲线,从图中可以看出水幕和排烟机开启后通道内照度得到快速回升,所有排烟工况下的照度都高于没有排烟的工况,当照度回升至最高值后照度保持稳定,没有出现缓慢下降的趋势。排烟量为 0.16 m³/s 时,照度平均值为 50 lx;排烟量为 0.21 m³/s 时,照度平均值为 55 lx;排烟量为 0.26 m³/s 时,照度平均值为 62 lx。机械排烟的设置减少了通道内的烟气总量,同时也降低了烟气水平蔓延的速度,结合细水雾水幕对烟尘粒子的冲刷,水幕下游照度回升明显,且随排烟量的增大而增大。

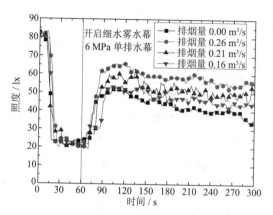

图 4-35　不同排烟量通道内的照度变化曲线

4.6.5　通风的影响

在前面的实验中,由于通道两端的孔隙率为 20%,通风面积较小导致实验中补风量不足,当水幕开启后烟气随水滴下沉撞击地面反弹,加上水雾的冷却作用使之前通过水幕位置的烟气驱动力降低,自然排烟效果失效。因此虽然水幕下游的环境条件得到改善,但仍有进一步提高的可能。工况 15 将通道下游端面开口面积增加至 50%,验证通风对水幕阻烟效果的影响。增加通风率后烟气蔓延过程如图 4-36 所示。

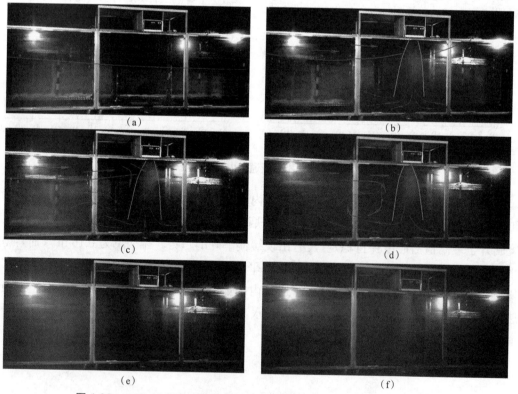

图 4-36　工况 15 烟气在通道内的蔓延过程(25cm 油盘 6MPa 细水雾)

(a) 60 s　　(b) 68 s　　(c) 72 s　　(d) 128 s　　(e) 188 s　　(f) 308 s

细水雾水幕在点火 60 s 后开启,没有开启水幕之前烟气的蔓延与工况 1 一致,在通道内形成烟气层流,蔓延至通道末端时烟气下沉并逐渐在通道内形成稳定的烟气层,如图 4-36(a)所示。当水幕开启后,烟气随水雾的运动发生偏转,当烟气和水雾混合流撞击地面后又反弹,由通道底部斜向上扩散,如图 4-36(b)所示。由于通道下游开口通风,从开口补入的新鲜气流限制了混合流向下游的流动,如图 4-36(c)和 4-36(d)所示,与图 4-17 相比水雾下游可视距离得到明显改善。直到 308 s 水幕下游空间环境仍优于水幕上游,通道背板上的反光条清晰可见。

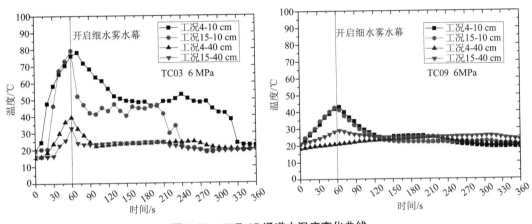

图 4-37　工况 15 通道内温度变化曲线

图 4-37 为工况 4 和工况 15 通道内 TC03 和 TC09 距顶棚 10 cm 和 40 cm 处的温度变化曲线对比。从图中看出,端面通风工况下通道内距顶棚 40 cm 以下空间和水幕后的温度与工况 4 变化不大,这主要是由于 60 s 的预燃期内该区域的温度升高幅度不大,最高温度都在 40 ℃左右。由于补风量增加偏向水幕上游的水雾粒子更多,在 TC03 距顶棚 10 cm 处,增加端面开口补风加快了温度的下降速度,但稳定温度与工况 4 相差不大都在 45 ℃左右。

图 4-38、4-39 和 4-40 是 6 MPa 工作压力下工况 1、4 和 15 的 O_2、CO_2 和 CO 浓度的变化曲线。60 s 水幕开启后,与工况 1 相比可以看出细水雾水幕的开启起到了阻烟的效果,工况 4 的回升至 20.4%,工况 15 的浓度回升至 20.6%,新风的补入提高了水幕下游的 O_2 浓度。与 O_2 浓度相对应,随着 O_2 浓度的增加 CO_2 浓度降低,工况 4 的 CO_2 浓度降至 0.4%,工况 15 的浓度降至 0.2%。CO 浓度没有出现下降,但上升趋势被遏制,两种工况都在 $300×10^{-4}$ 以下。通过浓度分析可以得出,增加水幕下游的补风可以改善通道内的疏散环境,在走廊、隧道等狭长空间由于通道长度远大于实验台的长度,在细水雾水幕的扰动下可以形成补风条件。图 4-41 是 6 MPa 工作压力下工况 1、4 和 15 的照度变化。水幕开启后其下游的照度迅速回升。工况 4 照度最大回升至 50 lx,实验过程中平均值在 45 lx。工况 15 照度最大回升至 62 lx,实验过程中平均值在 55 lx,比工况 4 大 10 lx。照度的变化一方面体现了细水雾水幕的阻烟性能,另一方面说明与下游补风耦合提高了烟控效果。

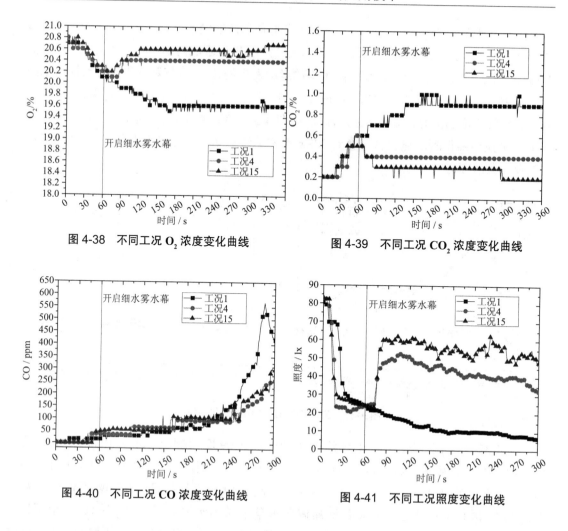

图 4-38　不同工况 O_2 浓度变化曲线

图 4-39　不同工况 CO_2 浓度变化曲线

图 4-40　不同工况 CO 浓度变化曲线

图 4-41　不同工况照度变化曲线

4.7　细水雾型水幕阻烟实验与机理分析的验证

通过狭长通道内细水雾型水幕阻烟实验观察到的现象表明在细水雾烟气的流动方向发生偏转,大量炭黑粒子被冲刷、沉积,如图 4-42、4-43 所示。

图 4-42 是一个实验工况结束后的实验台照片,从照片中可以看出有大量的炭黑粒子在水泥被板上附着,附着区可以分为两部分。一是水雾之前靠近顶棚 30 cm 处,这一段主要是由于烟气在流动过程中贴近壁面的烟尘粒子附着在壁面上。这是烟气在建筑内扩散流动的过程中,在热迁移、湍流扩散、沉降和惯性碰撞等机理的作用下,烟颗粒在受限空间内的墙壁、顶棚、地板以及建筑内各种设备表面会有沉积损失。Butler 分析认为火灾烟气颗粒在室内墙面沉积的主要机理是热迁移。火灾中,在火羽流撞击的区域和顶棚射流的过程中有超过 40% 的烟气颗粒沉积,烟气颗粒的沉积影响着顶棚射流烟气层的光学密度和火灾烟感探测器的反应时间。烟粒子的沉积分布恰恰可以反映火灾烟气的流动路线和传播方向。二是细水雾型水幕下游烟尘粒子附着区,从图上看出该区域的烟尘粒子附着范围与水雾和烟气

混合流的流动范围一致,并且从颜色深浅上可以看出该区域的烟尘粒子附着量远大于第一附着区,这表明施加水雾后,烟尘颗粒的凝结、聚集作用增强,湿润的烟尘粒子团更容易附着在墙壁上。另外,实验过程中水雾下方地面上流淌的黑色水流也表明在水雾的作用下,大量烟尘粒子被冲刷,因此水幕后的能见度大大提高。

图 4-42 炭黑粒子附着和沉积

图 4-43 是实验中细水雾型水幕开启后,通道内烟气的流动路线图。从图中可以看出,烟气在水雾的作用下改变了流动路线,在水幕上游由于实验台前段壁面的影响,烟气和水雾混合后的流股对通道内扰动比较剧烈,导致在此空间范围内可视距离下降较快,而受到水雾的阻挡的下游又保持了较好的能见度。

图 4-43 细水雾作用下烟气流动路线

就观测到的实验现象而言,该现象印证了细水雾型水幕阻烟机理的分析。首先,在气溶胶动力学机理、云物理学机理和颗粒团聚机理的作用下细水雾有效冲刷了烟粒子;其次,烟气流股与之相遇后随水幕偏转,烟气被水雾阻截,从而运动方向发生偏转。

4.8　本章小结

本章在 1:3 的缩比例狭长通道实验台上,开展了 15 组狭长空间烟气流动特性及细水雾水幕阻烟隔热性能实验。定性观测了细水雾型水幕控烟的效果以及过程中的物理现象。针对温度,O_2、CO_2 和 CO 浓度,照度定量分析了细水雾的喷雾压力、水幕宽度、喷雾角度以及机械排烟等因素对细水雾水幕阻烟隔热性能的影响。

(1)细水雾型水幕在一定程度上可以隔断火灾烟气的纵向流动,但要完全阻隔需要对各种影响参数进行优化设计。在细水雾水幕开启前后,O_2 浓度经历了先降低后升高的过程,CO_2 浓度与之相反,CO 浓度则处于缓慢升高状态,细水雾型水幕下游各组分浓度满足人员安全疏散要求。细水雾型水幕开启后,其下游照度从 25 lx 迅速回升,表明细水雾对炭黑粒子有良好的冲刷作用,从光学角度证明了细水雾水幕的阻烟效果。

(2)细水雾喷射压力变化对温度和照度的影响明显。温度下降率随压力的增加而增加,而照度则在 6 MPa 时回升率最大。在实际应用时应根据通道的实际尺寸和人员疏散的要求合理选择喷雾压力,在保证温度条件的情况下尽可能提高通道内的照度。

(3)随着水幕排数的增加,水雾对通道的冷却作用加强。双排水幕工况下通道内的照度大于单排水幕,即喷雾宽度增加(雾通量增加)可以提高细水雾水幕的控烟效果。

(4)水雾喷射角度的改变可以降低水雾的上游温度,但阻烟效果被削弱。由于水雾的扰动其上游的环境条件恶化,下游的可视距离也没有改善,因此就阻烟效果来讲垂直喷射要优于偏向烟气来流方向的 45°喷射。在实际应用中建议喷雾角度选择垂直喷射。

(5)机械排烟的设置减少了通道内的烟气总量,降低了烟气水平蔓延的速度。结合细水雾水幕对烟尘粒子的冲刷,水幕下游照度回升明显,且随排烟量的增大而增大。

(6)通过烟气组份浓度分析可以得出,加强水幕下游的补风可以改善通道内的疏散环境,增加下游补风可以提高烟控效果。

第5章　狭长空间内细水雾阻烟性能数值模拟

5.1　引言

作为一种自然灾害,火灾的发生和发展规律具有随机性和确定性的双重特点。火灾的确定性是指某一特定场合下的火灾,会按基本确定的过程发展,火灾燃烧、烟气流动等都遵循确定的流体流动、传热传质和物质守恒的规律。以物理和化学定律为基础,用相互关联的数学公式来表示建筑物的火灾发展过程。火灾科学研究的基本方法包括理论分析、实验研究和数值模拟。理论分析和实验研究是流体运动规律研究的主要手段。理论分析对火灾现象的解释发挥了重要作用,但对于复杂的流体问题无法求得详细的解析解,也不可能解决火灾过程中灭火及烟气控制的所有问题。而实验研究往往受模型尺寸、测量精度和实验周期等因素影响,同时实验场景的边界条件不容易实现稳定和精确控制。

计算流体力学(Computational Fluid Dynamics,CFD)于20世纪60年代开始发展,对实验研究和理论研究起到了促进作用,为简化流动模型提供了更多的依据,并相应形成了各种数值解法,如有限差分法(FDM)、有限元法(FEM)和有限体积法(FVM)。通过CFD软件的计算得到数值解,不会受到实验条件的种种限制,能够很好地指导实验研究,并且还可以模拟实验中只能接近而无法达到的理想条件。随着计算机硬件软件的飞速发展和数值计算方法的日趋成熟,针对不同流体问题的通用软件和专用软件不断研发,这些软件将研究人员从编制复杂、重复性的程序开发中解放出来,让他们将更多的精力投入所计算的流动问题的物理本质、问题的提法、边界(初值)条件、计算结果的合理解释等重要方面,CFD软件开发人员和其他专业研究人员优势互补,为解决实际工程问题提供了条件。CFD软件用于解决房间空气运动的程序开发应用范围包括空气射流扩散的预测、房间内空气流速与温度的分布、空间内污染物的传播、自然通风的评价与建筑内火灾和烟气传播的预测等。大部分情况下预测结果与已有的实验数据相符。

本章利用CFD场模拟软件对第4章的实验进行数值模拟。首先在前人研究的基础上选择能够有效模拟火灾烟气蔓延过程和水喷淋的模拟软件,然后依照实验台的结构和尺寸进行构建模拟模型,设置测量参数及测点,将模拟结果和实验结果进行对比,检验模拟结果的有效性,进一步认识和分析实验结果。

5.2　火灾模型及软件

火灾模型是建筑物火灾安全分析的重要工具。根据 Morente 和 Quintana 的统计，截至 2013 年共有 170 多个和火灾相关的模型，其中常用的为 30 个。火灾模型都是根据质量守恒、动量守恒和能量守恒等基本物理定律或经验公式建立的。建筑火灾现象与着火空间的形状及大小密切相关，与控制体设置策略密切相关，根据室内温度场的分布特征及描述方程的不同，常用的火灾模型有区域模型（zone model）、网络模型（net model）和场模型（field model）。

区域模型是早些年应用最为广泛的一类火灾模型，它基于建筑火灾中热烟气层分层的基本现象，把计算区域划分为两个控制体，即上部热烟气层与下部冷空气层，在上、下两层内物性参数均匀分布。实验表明，在火灾发展及烟气蔓延的大部分时间内，室内烟气分层现象相当明显。对于横截面积不太大的空间，区域模型算出的结果能够较好地反映烟气层的变化过程，同时由于划分的控制体数目少，计算效率也很高。

网络模型把整个建筑物作为一个系统，而其中的每个房间为一个控制体。网络模型可以考虑多个房间，能够计算离起火房间较远区域的情况。但处理火灾烟气的手法比较粗糙，相应的计算也比较粗糙。

对于一些大空间或形状复杂的建筑，如果烟气层化现象不明显，区域模型必然会带来很大的误差。场模型把一个房间划为几百甚至上千个控制体，因而可以给出室内某些局部的状况变化，弥补区域模型的不足，可以获得某些参数的详细分布和随时间的变化过程。控制体的增加使计算量成倍增加，计算时间大大加长，计算机技术的发展和运算能力的提高化解了这一难题。场模拟在建筑火灾实际建研究和建筑工程的火灾安全评价中得到越来越广泛的应用。

火灾科学研究人员基于不同的火灾模型开发了适用于各种场景的通用或专用软件，表 5-1 列出了一些常用火灾模型的名称及特点。其中 FDS 是一款专门应用于火灾现象模拟的计算流体力学软件，可以用于模拟火灾导致的热量和燃烧产物的低速传输，气体和固体表面之间的辐射和对流传热，材料的热解，火焰传播和火灾蔓延，水喷头、感温探测器和感烟探测器的启动，水喷头喷雾和水抑制效果等问题。FDS 还附带一个名为 Smokeview 的结果可视化程序，该程序可以逼真地显示火灾的发展和烟气的蔓延情况，也可以用于评判火场中的能见度。另外 FDS 的程序代码是开放的，其结果准确性得到了大量实验的验证。并且自 2000 年 1 月发布以来，FDS 根据使用过程中出现的问题和使用人员的建议，在不断的改进升级。因此该软件成为火灾研究、性能化设计和工程应用计算的首选，本书将利用 FDS5.3.3 开展数值模拟。

表 5-1　常用火灾计算模型及特点

模型类别	模型名称	作者	开发机构	适用及特点
区域模型	ASET	L. Y. Cooper D. W. Stroup	NIST（U.S）	单室
	ASET-B	W. D. Walton	NIST（U.S）	单室
	BRI2	K. Harada D. Nii T. Tanaka S. Yamada	日本建筑研究所	多室,机械通风
	CCFM-VENT	L. Y. Cooper G. P. Forney	NIST（U.S）	多室,多层
	FAST/CFAST	R. D. Peacock P. A. Reneke W. W. Jones R. W. Bukowski G. P. Forney	NIST（U.S）	可适用超过 30 个房间、30 个通风管道、 5 个风机的模型计算
	FIRST	H. W. Emmons H. E. Mitler	NIST（U.S）	单室,多个燃烧体
场模型	ALOFT-FT	W. D. Walton K. B. McGrattan	NIST（U.S）	室外火灾烟气羽流
	CFX	AEA Techology	AEA Techology	通用计算流体力学软件
	FDS	K. B. McGrattan H. Baum R. Rehm	NIST（U.S）	三维大涡模拟,适用于有水喷淋作用下 的多室火灾模拟计算
	JASMINE	G. Cox S. Kumar	Fire Research Station（U.K）	烟气运动的分析软件
	PHOENICS	D. B. Spalding	CHAM. Ltd（U.K）	三维、动态的通用流体力学计算软件
	STAR CD	D. Gossman R. Issa	Computational Dynamics（U.K）	通用流体力学计算软件

5.3　FDS 火灾模型及软件介绍

　　FDS（Fire Dynamics Simulator）是由美国国家标准研究所（NIST，National Institute of Standards and Technology）建筑与火灾研究实验室（BFRL，Building and Fire Research Laboratory）研发的火灾模拟软件。FDS 采用数值方法求解一组描述低速、热驱动流动的 Navier-Stokes 方程,重点关注火灾导致的烟气运动和传热过程。对于时间和空间,均采取二阶的显式预估校正方法。下面对 FDS 的理论基础进行介绍和说明。

5.3.1　基本控制方程

　　计算流体动力学模拟的基本思想是根据流体动力学中最基本的质量（组分）守恒、动量守恒和能量守恒定律,建立基本方程,这些方程也是 FDS 模拟计算的基础。

1. 连续方程

$$\frac{\partial \rho}{\partial t} + \nabla \cdot \rho \boldsymbol{u} = 0 \tag{5-1}$$

式中:ρ 为密度;t 为时间;μ 为速度矢量。

方程左边第一项描述了密度随时间的变化,第二项则定义了质量对流。

2. 动量方程

$$\rho \left(\frac{\partial \boldsymbol{u}}{\partial t} + (\boldsymbol{u} \cdot \nabla) \boldsymbol{u} \right) + \nabla p = \rho \boldsymbol{g} + \boldsymbol{f} + \nabla \boldsymbol{\tau} \tag{5-2}$$

式中:p 为压力,g 为重力;f 为外部力,τ 为黏性张量。

方程的左边描述了控制容积内流体的动量变化率,而右边则是附加在其上的力的总和。

3. 能量方程

$$\frac{\partial}{\partial t}(\rho h) + \nabla \cdot \rho h \boldsymbol{u} - \frac{\partial p}{\partial t} + \boldsymbol{u} \cdot \nabla p = q''' - \nabla \cdot q_r + \nabla \cdot k \nabla T + \nabla \cdot \sum_l h_l (\rho D)_l \nabla Y_l \tag{5-3}$$

式中:h 为焓,q_r 为热辐射通量,T 为温度,$\nabla \cdot k \nabla T$ 为对流热,q''' 为驱动系统的能量,Y_l 为组分浓度。

方程的左边代表了能量的净累积率,而右边则包含了对能量累积有直接作用的能量的增加项或损失项。它们包括驱动系统的能量 HRR(q'''),辐射热流(q_r)和对流项($\nabla \cdot \kappa \nabla T$),最后一项为组分相互扩散造成的能量变化。

4. 组分方程

$$\frac{\partial}{\partial t}(\rho Y_l) + \nabla \cdot \rho Y_l \boldsymbol{u} = \nabla \cdot (\rho D)_l \nabla Y_l + W_l''' \tag{5-4}$$

公式左边第一项代表了由密度变化造成的组分的累积,第二项则为组分的流入与流出。右边给出了由扩散引起的控制容积内的组分的流入与流出和组分的生成率。

5.3.2 湍流流动模型

大多数工程问题中流体的流动都处于湍流状态,湍流特性在工程运用中占有重要的地位,因此,能否精确地模拟湍流流动成为能否精确模拟流动问题的关键。火灾通常发生在空间相对较大的场所,模拟火灾烟气的流动过程,需要合理应用湍流模型。目前针对湍流的数值模拟主要有:直接模拟(Direct Numerical Simulation,DNS)、雷诺平均数法(Reynolds Averaged Navier-stokes Simulation,RANS)和大涡模拟(Large Eddy Simulation,LES)。FDS 中对于湍流的处理包括 DNS 和 LES 两种方法。

1. 直接模拟(DNS)

用三维非稳态 N-S 方程对湍流进行直接数值计算。要对高度复杂的湍涡进行直接的计算,必须采用很小的时间和空间步长,才能分析出详细的空间结构及变化剧烈的时间特性。因此该算法计算量很大,对计算机的内存空间和 CPU 运行速度的要求非常高。在进行火灾安全研究时,目前直接模拟只适用于小尺寸的火焰结构分析,还无法用于空间较大的建筑内的烟气流动工程数值计算。

2. 大涡模拟(LES)

按湍流的机理,系统中的动量、质量、能量及其他物理量的输运主要由大尺度涡影响,湍流的脉动及混合主要由大尺度的涡造成。大尺度的涡高度非线性,其相互作用把能量传给小尺度的涡,小尺度的涡几乎是各向同性的,它们起到能量耗散的作用。计算时用非稳态N-S 方程直接模拟计算,将小涡对大涡的影响采用近似的亚格子模型(Reynolds 应力)来计算。大涡模拟对计算机的要求仍比较高,但比直接模拟要低得多。理论上,LES 法的计算量和精确度处于 DNS 与 RANS 之间。前人的研究结果表明,大涡模拟能够较好地处理湍流和浮力的相互作用,得到理想的结果,在对于火灾过程的模拟中得到广泛应用。

FDS 软件默认的模拟运行方式是采用 Smagorinsky 形式的大涡模型。该模型基于一种混合长度假设,认为涡黏性正比于亚格子的特征长度 Δ 和特征湍流速度。动量方程中的黏性应力张量为:

$$\tau = \mu \left[2 def\bar{u} - \frac{2}{3} (\nabla \cdot \bar{u}) \bar{I} \right] \tag{5-5}$$

式中,为辐射强度张量;μ 为黏性系数。

应变张量为 $\boldsymbol{defu}$ 为:

$$\boldsymbol{defu} \equiv \frac{1}{2} [\nabla \boldsymbol{u} + (\nabla \boldsymbol{u})^t] = \begin{pmatrix} \dfrac{\partial \boldsymbol{u}}{\partial x} & \dfrac{1}{2}\left(\dfrac{\partial \boldsymbol{u}}{\partial y} + \dfrac{\partial \boldsymbol{v}}{\partial x}\right) & \dfrac{1}{2}\left(\dfrac{\partial \boldsymbol{u}}{\partial z} + \dfrac{\partial \boldsymbol{w}}{\partial x}\right) \\[3mm] \dfrac{1}{2}\left(\dfrac{\partial \boldsymbol{v}}{\partial x} + \dfrac{\partial \boldsymbol{u}}{\partial y}\right) & \dfrac{\partial \boldsymbol{v}}{\partial y} & \dfrac{1}{2}\left(\dfrac{\partial \boldsymbol{v}}{\partial z} + \dfrac{\partial \boldsymbol{w}}{\partial y}\right) \\[3mm] \dfrac{1}{2}\left(\dfrac{\partial \boldsymbol{w}}{\partial x} + \dfrac{\partial \boldsymbol{u}}{\partial z}\right) & \dfrac{1}{2}\left(\dfrac{\partial \boldsymbol{w}}{\partial y} + \dfrac{\partial \boldsymbol{v}}{\partial z}\right) & \dfrac{\partial \boldsymbol{w}}{\partial z} \end{pmatrix} \tag{5-6}$$

式中,$\boldsymbol{u}$、$\boldsymbol{v}$、$\boldsymbol{w}$ 为速度。

根据 Smagorinsky 模型分析,流体动力黏性系数表示为:

$$\mu_{\text{LES}} = \rho (C_s \Delta)^2 \left[2(\boldsymbol{defu}) \cdot (\boldsymbol{defu}) - \frac{2}{3}(\nabla \cdot \boldsymbol{u})^2 \right]^{\frac{1}{2}} \tag{5-7}$$

式中,C_s 为 Smagorinsky 常数,Δ 为网格特征尺度。

在 LES 模拟中,热扩散和物质扩散与湍流黏性系数的关系为

$$k_{\text{LES}} = \frac{\mu_{\text{LES}} c_p}{Pr}, \ (\rho K)_{l,\text{LES}} = \frac{\mu_{\text{LES}}}{Sc} \tag{5-8}$$

式中,Pr 为普朗特数,Sc 为施密特数。

5.3.3　燃烧模型

FDS 中有两个燃烧模型可选,其选择依据为网格的精度。对于 DNS 计算,因为氧气和燃料的扩散都可以直接模拟,所以使用一个通用的一阶有限速率的化学反应是比较合适的。但是在 LES 计算中,网格的数量较少,不能直接求解燃料和氧气的扩散,所以使用了基于混合分数(mixture fraction)的燃烧模型。

混合分数模型的基本假设是将燃烧看作一种由混合物组分控制的化学反应过程,这就意味着流体的所有成分都可以通过混合分数 $Z(x, t)$ 来描述。混合分数是一个常量,它代表给定点混合物组分的质量分数,每个成分的物质分数和混合分数的关系称为"状态关系式"。混合分数的定义为:

$$Z = \frac{sY_F - (Y_O - Y_O^\infty)}{sY_F^I + Y_O^\infty}, s = \frac{v_O M_O}{v_F M_F} \tag{5-9}$$

式中,Y_F 为燃料的质量分数,Y_O^I 为燃料源处质量分数,Y_O 为氧气的质量分数,Y_O^∞ 为初始环境中氧气的质量分数,M_O 和 M_F 分别为氧气和燃料的相对分子质量,v_O 和 v_F 分别为氧气和燃料化学反应的计量系数。

混合分数满足以下的守恒规律,它是通过线性组合燃料和氧气的守恒方程而获得的:

$$\rho \frac{DZ}{Dt} = \nabla \cdot \rho D \nabla Z \tag{5-10}$$

混合分数燃烧模型在时间和空间上都对燃烧过程进行了近似,所以火灾能够被高效地模拟。它假设当小尺度的混合被忽略时,大尺度的对流和辐射传递现象就可以直接模拟。因为燃烧过程的时间尺度比对流过程的要小很多,所以假设反应速率无限快,这就意味着燃料和氧化剂的反应非常快以至于燃料和氧化剂不能共存。火焰锋面通过规定了一个包含在三维空间内的二维平面来定义:

$$Z(x,t) = Z_f; Z_f = \frac{Y_O^\infty}{sY_F^I + Y_O^\infty} \tag{5-11}$$

式中,Z_f 为火焰面处的混合分数。燃料和氧化剂不能共存的假设还可以用来定义氧气质量分数和混合分数之间的状态关系式:

$$Y_O(Z) = \begin{cases} Y_O^\infty (1 - Z/Z_f) & Z < Z_f \\ 0 & Z > Z_f \end{cases} \tag{5-12}$$

5.3.4 辐射传输模型

FDS 模型中的辐射传热利用有限体积方法求解,传输方程为:

$$s \cdot \nabla I_\lambda(x, s) = -[k(x, \lambda) + \sigma_s(x, \lambda)]I(x, s)$$
$$+ \frac{\sigma_s(x, \lambda)}{4\pi} \int_{4\pi} \Phi(s, s') I_\lambda(x, s') d\Omega' \tag{5-13}$$

式中,$I_\lambda(x, \bar{s})$ 为波长 λ 的辐射强度,$k(x, \lambda)$ 和 $\sigma_s(x, \lambda)$ 分别为局部吸收和散射系数,$B(x, \lambda)$ 为辐射源项,$\Phi(s, s')$ 为耗散函数,s 为强度方向矢量。

如果将空气近似为非散射灰体的气体,其辐射传输方程(RTE)为:

$$s \cdot \nabla I_\lambda(x, s) = k(x, \lambda)[I_b(x) - I(x, s)] \tag{5-14}$$

式中,$I_b(x)$ 为辐射源的辐射强度。

5.3.5 水雾动力学模型

模型设置时,通常网格尺寸远大于细水雾或烟粒子的尺寸,无法采用网格模拟其运动轨迹。FDS 采用拉格朗日粒子模型模拟粒径小于网格尺寸的物体,比如水喷淋系统的水滴、喷出的液体燃料和烟气粒子等。拉格朗日粒子可以具有蒸发、吸收辐射的能力,而有些粒子可能比较简单,甚至没有质量。下面介绍 FDS 中的液体颗粒粒径分布、运动、吸热及蒸发的模型。

1. 液体颗粒的粒径分布模型

FDS 中采用 Rosin-Rammler、Lognormal 和 Rosin-Rammler-Lognormal 分布表征拉格朗日粒子粒径分布,默认为 Rosin-Rammler-Lognormal 分布,其颗粒体积累分数(CVF)关系式为:

$$F(d) = \begin{cases} \dfrac{1}{\sqrt{2\pi}} \displaystyle\int_0^d \dfrac{1}{\sigma d'} e^{-\frac{[\ln(d'/d_\mathrm{m})^2]}{2\sigma^2}} dd' & (d \leq d_\mathrm{m}) \\ 1 - e^{-0.693(\frac{d}{d_\mathrm{m}})^\gamma} & (d_\mathrm{m} < d) \end{cases} \tag{5-15}$$

式中 d_m 为颗粒中直径,γ 和 σ 分别为经验参数。

2. 液体颗粒在气体介质内的运动模型

由于喷头产生颗粒数量巨大,FDS 不可能跟踪计算每个颗粒的动力学特性,而是由用户定义喷头每秒秒喷出的水颗粒数量,根据该值计算出模拟时间间隔内从喷头喷出的颗粒总数 N。FDS 会为这 N 个颗粒提供一个从 0 至 1 的随机数 U_1,并根据颗粒的粒径径分布模型为每个颗粒赋予相应的粒径值。假设喷头的质量速率为 $\dot{m}_\mathrm{w}$,为了保证颗粒的质量守恒,须为在每个颗粒质撞的基础上乘上一个比重系数 C,见式(5-16)。同理,在计算颗粒与周围气体传质、传热过程巾也均需要乘上该系数 C。

$$\dot{m}_\mathrm{w} \delta t = C \sum_{i=1}^N \frac{4}{3} \pi \rho_\mathrm{w} \left(\frac{d_i}{2}\right)^3 \tag{5-16}$$

对于液体颗粒群,式(5-17)中 f_b 等于单个网格内所有颗粒对气相介质作用力之和除以该网格的体积,用来反映从颗粒传给周围气体的动最大小。

$$f_\mathrm{b} = \frac{1}{2} \frac{\sum \rho C_\mathrm{D} \pi r_\mathrm{d}^2 (u_\mathrm{d} - u) |u_\mathrm{d} - u|}{\delta_x \delta_y \delta_z} \tag{5-17}$$

式中,$\delta x \delta y \delta z$ 为网格体积。描述单个颗粒的运动方程为:

$$\frac{\mathrm{d}}{\mathrm{d}t}(m_\mathrm{d} u_\mathrm{d}) = m_\mathrm{d} g - \frac{1}{2} \rho C_\mathrm{D} \pi r_\mathrm{d}^2 (u_\mathrm{d} - u) |u_\mathrm{d} - u| \tag{5-18}$$

3. 颗粒传热及蒸发模型

在计算步长内,单元网格内颗粒蒸发量是液相平衡的蒸汽质量分数(Liquid Equilibrium Vapor Mass Fraction)Y_d、气相局部蒸汽质量分数(Local gas phase vapor mass fractionl)Y_g、基于均匀假设的液体颗粒温度(Liquid Temperature)T_d 和气相局部温度(Local Gas Temperature)T_g 的函数。如果颗粒附着在一个固体表面上,T_s 是固体表面温度。气液间的质量、能量传递方程描述如下:

$$\frac{\mathrm{d}m_\mathrm{d}}{\mathrm{d}t} = -A h_\mathrm{m} \rho (Y_\mathrm{d} - Y_\mathrm{g}) \tag{5-19}$$

$$m_\mathrm{d}c_\mathrm{d}\frac{\mathrm{d}T_\mathrm{d}}{\mathrm{d}t} = Ah_\mathrm{c}(T_\mathrm{g}-T_\mathrm{d}) + Ah_\mathrm{s}(T_\mathrm{s}-T_\mathrm{d}) + \dot{q}_\mathrm{r} + \frac{\mathrm{d}m_\mathrm{d}}{\mathrm{d}t}h_v \tag{5-20}$$

这里，m_d 是单个液体颗粒的质量，A 是颗粒的表面积，h_m 为传质系数，ρ 为气体质量，c_d 为液体的比热，h_c 和 h_s 分别为液体与气体、液体与固体间的传热系数，$\dot{q}_\mathrm{r}$ 是颗粒热辐射率，h_v 为液体的蒸发潜热。式中 Y_g、Y_d 可分别通过气相质量守恒方程及 Clausius-Clapeyron 方程求解得到。

4. 颗粒吸收（Absorption）和散射（Scattering）热辐射的模型

FDS 考虑了液滴通过散射和吸收对热辐射的衰减作用，该作用在细水雾环境下显得尤为重要。在忽略气相吸收和辐射热辐射的简化条件下，热辐射的运输方程为：

$$\boldsymbol{s}\cdot\nabla I_\lambda(x,\boldsymbol{s}) = -[k_\mathrm{d}(x,\lambda)+\sigma_\mathrm{d}(x,\lambda)]I_\mathrm{bd}(x,\boldsymbol{s})$$
$$+\frac{\sigma_\mathrm{d}(x,\lambda)}{4\pi}\int_{4\pi}\Phi(\boldsymbol{s},\boldsymbol{s}')I_\lambda(x,\boldsymbol{s}')\mathrm{d}\boldsymbol{s}' \tag{5-21}$$

式中 k_d 和 σ_d 分别为液体颗粒的吸收系数及散射系数，$I_\mathrm{b,d}(x,\lambda)$ 表示颗粒的发射项，$\Phi(\bar{s},\bar{s}')$ 为散射相位函数（scattering phase function），给出从 $\boldsymbol{s}'$ 到 $\boldsymbol{s}$ 方向的散射强度（scattered intensity）。

5.4   数值模型

5.4.1   模型的建立

利用 FDS 模拟实验过程，首先要保证模型几何构造的一致性。按照细水雾型水幕阻烟实验台的结构尺寸（图 5-1）建立 1 : 1 的计算模型。图 5-1 为利用 Smokeview 可视化软件展示的 FDS 模型和原实验台的照片对比。与实验台设置相同，计算模型同样由集烟罩、狭长通道、排烟区和喷头安装区四部分构成，并在相应位置设置了通风孔、机械排烟口、自然排烟口和细水雾喷头。另外，按照实验中热电偶、照度计、气体成分分析等设备的差点位置设置了对应的测量点。

与 FLUENT、CFX 等商用计算流体力学软件具有四面体、六面体、棱柱体等多种形式的网格形式不同，FDS 网格设置中只能建立六面体网格，因此模型中所有实体结构只能用长方体搭建。对于锥形的集烟罩采用矩形齿状逼近的方式建立形似于斜面的矩形堆积面，网格尺寸不大于构成集烟罩斜面的矩形构件的最小尺寸。通过构件与网格尺寸匹配，模型集烟罩斜面与实物形状吻合。

(a)

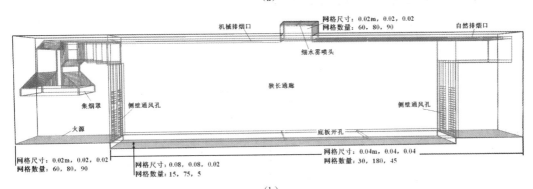

(b)

图 5-1　实验台实物照片与计算模型图

（a）实验台照片　（b）计算模型

5.4.2　模拟区域网格尺寸划分

数值模拟采用大涡场模拟方法,在计算之前需要对计算区域根据火源功率进行网格划分。为了节省计算时间,对不同的计算域（Mesh）根据精确度的不同,设定为不同的网格（Grid）尺寸,但每一个域内都为均匀网格,火源附近网格最密,远离火源处网格的尺寸可适当增大。

网格构型采用 FDS 的多重网格（Multiple-meshes）。据 N.Petterson 的研究报告,在采用 FDS 软件进行火灾过程的数值模拟时,为使计算结果与实验结果有较好的吻合,火源及其附近区域的网格尺寸应控制在 $0.05{\sim}0.1D^{*}$,离火源较远的区域可以采用较粗的网格,网格尺寸最大可达 $0.5D^{*}$。考虑到计算机性能和机时的限制,计算中,火源近场的网格尺寸为 $0.1{\sim}0.2D^{*}$,狭长通道内和排烟区的网格尺寸为 $0.2{\sim}0.5D^{*}$,其中 D^{*} 为特征火源直径（Characteristic Fire Diameter）,主要与火源热释放速率有关,D^{*} 可以由式 3-13 计算得到。

$$D^{*}=\left(\frac{\dot{Q}}{\rho_{\infty}c_{p}T_{\infty}\sqrt{g}}\right)^{\frac{2}{5}} \tag{5-22}$$

式中,$\dot{Q}$ 为火源的热释放速率, kW;ρ_{∞} 为空气密度,取 1.2 kg/m³;c_{p} 为空气比热,取 kJ/(kg·K);T_{∞} 为环境空气温度,取 293 K;g 为重力加速度,取 9.8 m/s²。

实验中火源热释放速率为 15.3 kW，计算得 D^* 为 0.17，按照上述要求，模拟计算域的网格划分见图 5-1 所示。

5.4.3　边界条件及喷头参数设定

为了充分利用计算机的计算资源和保证计算精度，整个计算域的空间略大于计算模型，计算域的边界设置为 FDS 的"Open"边界，即计算域的四周与自然空间相通，环境温度为 20℃，自然排出的烟气不受边界限制自然流动扩散。计算域的底部边界为"Inert"边界，即具有一定温度的非反应（钝化）的固体边界。

为了与实际相对应，将狭长通道的后背板和顶板设为混凝土，热边界条件为热厚层，热物性值可以从 FDS 数据库中获得；集烟罩和排烟罩的材料为薄钢板，狭长通道的前挡板材料为玻璃，两者热边界条件均为热薄层，热物性值也可以从 FDS 数据库中获得。以上材料的具体数值如表 5-2 所示。

表 5-2　材料热物性表

玻璃（GLASS）		薄钢板（SHEET METAL）		混凝土（CONCRETE）		
C_DELTA_RHO	材料厚度（DELTA）	C_DELTA_RHO	材料厚度（DELTA）	热扩散率（ALPHA）	热传导率（KS）	材料厚度（DELTA）
kJ/K·m²	m	kJ/K·m²	m	m²/s	W/m·K	m
11.34	0.005	4.7	0.0013	5.7E-7	1.0	0.2

喷头参数的设定是模拟结果正确的基础，为了完整描述水雾特性，FDS 中需要输入的参数包括：体积流量、初始速度、喷射角度、粒径分布、粒子存在周期和喷射介质的物理参数等。定义水滴粒径时须设定中数粒径，最小粒径与最大粒径的默认值分别为 20 μm 和无限大，为避免巨大直径的颗粒产生，可设定粒子的最大直径。由于每个粒子都有其运动轨迹，追踪其轨迹会消耗较大的计算量，因此可用 AGE 参数设定粒子的生存周期，当时间超过其生存周期后停止追踪其轨迹节省计算时间。为了减少 Smokeview 三维演示中显示的粒子数，可通过 SAMPLING_FACTOR 参数设置其抽样因子，例如 SAMPLING_FACTOR 取 10，则动画显示值只显示 10% 的粒子。

依据第三章细水雾雾特性实验结果设定喷头参数，工作压力设定为 6 MPa。水的物理性质与喷头参数设定如下。

表 5-3　喷雾特性模拟参数设置

水压 P/MPa	喷头质量流量 L/min	雾化锥角 /°	液滴粒径 / μm	液滴初始速度 /(m/s)
6	0.713	60	63	27.86

5.4.4　火源功率及模拟工况

按照第 4 章狭长通道内细水雾型水幕阻烟性能实验过程,模拟时间为 200 s,细水雾型水幕开启时间为点燃火源后 60 s,此时通道内的烟气层已经达到稳定。作为火灾模拟中的关键参数,火源热释放速率按照实验测定的热释放速率曲线进行设定,最大热释放速率为 15.3 kW,如图 5-2 所示。从图中可以看出,在 40 s 之前热释放速率已经达到稳定,因此选择在 60 s 开启水幕是合理的,200 s 的模拟时长已经可以完整表现出细水雾型水幕阻烟的过程。

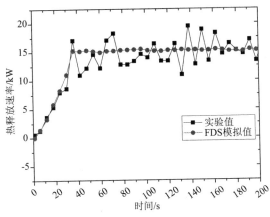

图 5-2　模拟火源热释放速率

由于 FDS 模拟实验场景的目的一方面是验证模拟方法的有效性,为后期的模拟研究提供支持,另一方面也可以通过模拟得到详尽的烟气流场及温度、气体浓度等参数的信息,以进一步认识实验现象。考虑到计算量和计算周期,本节对细水雾雾场特性及个实验工况进行数值模拟,如表 5-4 所示。

表 5-4　FDS 模拟场景

实验工况	火源功率 /kW	喷射压力 /MPa	排烟量 /(m³/s)	水幕下游通风率 /%
1	15.3	—	自然排烟	20
4	15.3	6	自然排烟	20
15	15.3	6	自然排烟	50

5.5　数值模拟结果与实验结果对比分析

5.5.1　细水雾型水幕模拟结果分析

细水雾雾场模拟结果直接影响实验模拟的结果。首先将单喷头细水雾雾场和单排细水雾型水幕的模拟结果与实验结果进行对比。由于水雾水滴的初始速度、喷雾流量、雾化锥角、雾滴粒径都是模拟之前输入的初始值,因此在只对细水雾雾场范围和雾通量进行对比分析。

图 5-3 是 6 MPa 工作压力下单喷头细水雾雾场形成过程的模拟结果。对比图 3-8 可以得出细水雾从喷嘴喷出到形成一个完整的圆柱雾场的过程是一致的,对于单流体高压旋流雾化,当液体有喷孔高速喷出后,在高压和旋流的作用下在喷最下方形成空心圆锥状雾场,垂直向下运动一段距离后在空气阻力下雾锥收缩形成柱状雾场,绝大部分雾滴分布在柱形空间内,圆柱区域外有少量的弥散超细液滴。图 5-4 是雾场形成的两个典型状态,图 5-4(a)是在空气阻力作用下雾场的收缩,图 5-4(b)是雾场圆柱区域形成,从实验照片和模拟截图对比可以得出 FDS 对细水雾形成过程及雾场分布的模拟与实际雾化过程是完全一致的。从图中还可以看出,单喷头喷射形成的细水雾圆柱区的直径约为 0.4 m,当水雾触及地面后向四周扩散,另外由于水雾下降过程中对沿程空气的扰动和卷吸使得圆柱区形状并不规则,这些在雾通量分布中都有体现。

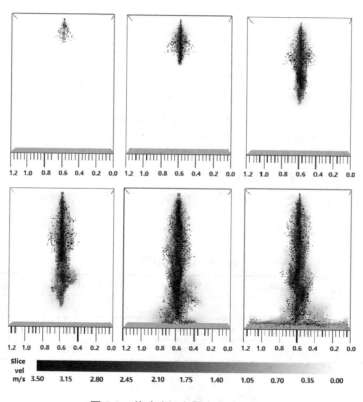

图 5-3　单喷头细水雾生成过程模拟

图 5-5 是单排细水雾型水幕下游距喷头不同高度处的细水雾通量模拟结果。从图中看出细水雾喷射后在喷杆下有形成密集的水幕带,这与图 2-7 中显示的细水雾型水雾雾场一致。水雾通量有喷头中心向两侧逐渐减低,在距喷头 1.6 m 处的水平面上,水雾通过的宽度为 0.4 m,最大雾通量为 0.12 kg/m² · s。图 5-6 为细水雾型水幕雾通量模拟与实验结果对比,从图中看出对于单排水幕有效宽度为 0.4 m,雾通量在 0.8~1.2 kg/ m² · s,模拟结果与实验结果相当。

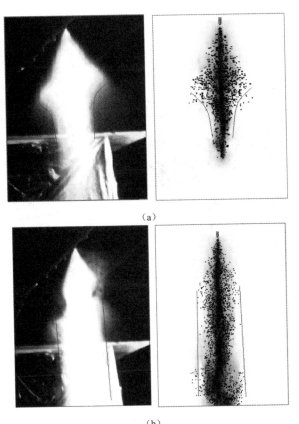

（a）

（b）

图 5-4　单喷头细水雾雾场实验与模拟对比

（a）雾场圆锥区收缩　（b）雾场圆柱区形成

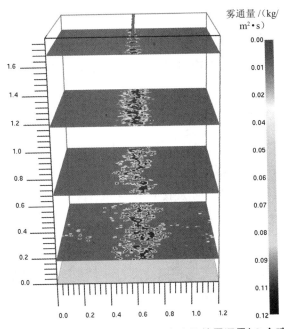

图 5-5　细水雾型水幕距喷头不同高度处的雾通量（8 个喷头）

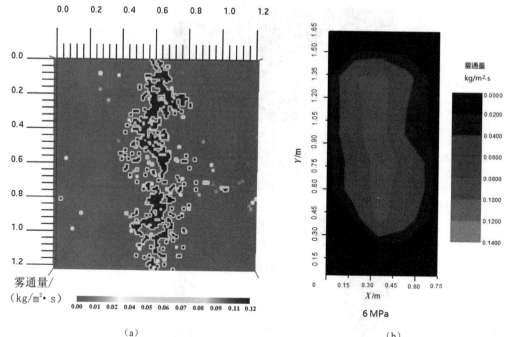

（a） （b）

图 5-6 单排细水雾型水幕雾通量模拟与实验结果比较

（a）模拟结果 （b）实验结果

5.5.2 可视距离的计算

在第四章的实验中,我们利用照度计测量狭长通道内照度的变化来反映可视距离,照度的单位为勒克斯(lx),而 FDS 软件对可视距离的表示是米(m),因此需要对实验数据进行转换在于模拟结果对比。数据的转换根据朗伯 - 比尔(Beer-Lambert)定律计算,计算公式如下:

$$I = I_0 \exp(-K_c L) \tag{5-23}$$

式中,I_0 为由光源射入给定空间长度的光强度,I 为光束通过给定长度的烟气后的光强度,K_c 为烟气的减光系数(Attenuation Coefficient),L 为给定空间的长度。由(5-23)减光系数为:

$$K_c = -\ln(I / I_0) / L \tag{5-24}$$

可视距离和减光系数的关系为:

$$S = \frac{R}{K_c} \tag{5-25}$$

其中,R 为比例系数,对于发光标志、反光标志和有反射光存在的建筑物,R 分别取 5~10、2~4 和 2~4。针对实验,在进行转换计算时 L 取 1.2m,R 取 5。

5.5.3 工况 1 模拟与实验结果对比

在开展细水雾型水幕阻烟数值模拟之前,首先对没有水雾作用(工况 1)的烟气流场特性进行模拟与实验结果的对比,该工况模拟结果的可靠性是开展其他工作的前提。为了说明烟气流动特性模拟结果与实验结果的一致性,对烟气流动过程、温度分布、O_2 浓度、CO_2 浓度、CO 浓度和可视距离的模拟值与实验值进行对比,对比曲线见图 5-8~ 图 5-12。

图 5-7 是烟气运动的实验与模拟结果对比,从图中看出在不同时刻烟气的流动状态基

本一致,烟气首先纵向扩散,当抵达通道另一侧时在壁面的阻挡下开始下沉回流逐渐形成烟气层,随后逐渐充满长通道。图 5-8 是通道近火源端和远火源端,靠近通道顶棚处的温度随时间变化曲线,实验与模拟的温度值非常接近,由于火源热释放量的波动性以及冷空气扰动的不确定性,实验和模拟的结果在上升过程中都存在波动,同时由于测量误差的存在,因此两条曲线并没有完全重合,远离火源端的温度更加吻合,曲线变化趋势一致,最大误差为13%,就温度而言模拟结果是可靠可信的。

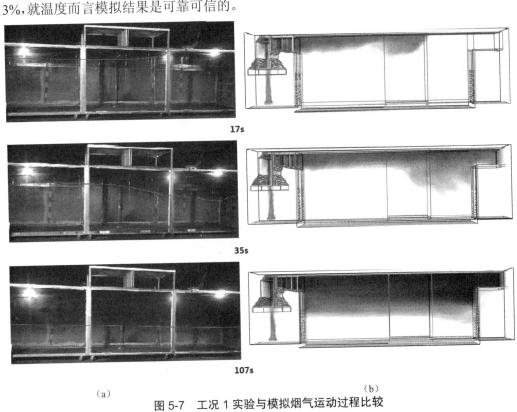

17s

35s

107s

（a）　　　　　　　　　　　　　　　　（b）

图 5-7　工况 1 实验与模拟烟气运动过程比较

（a）实验过程　（b）模拟过程

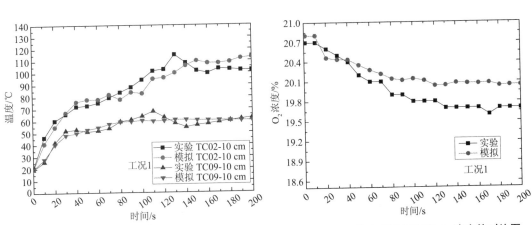

图 5-8　工况 1 实验与模拟温度值对比图　　　　图 5-9　工况 1 实验与模拟 O_2 浓度值对比图

为了进一步验证 FDS 模拟烟气在狭长空间内流动过程的有效性,图 5-9、5-10 和 5-11 分别对比了烟气中各组分浓度的实验与模拟结果。结果表明,两种方法得到的气体浓度值的变化趋势一致,但不同气体的误差范围相差较大。O_2 浓度实验值于模拟值的最大误差为 2.4%,CO_2 浓度的最大误差为 38.7%,CO 浓度的最大误差为 44.3%,造成误差较大的原因除了实验测量误差外,就是 FDS 的燃烧模型假设的影响,FDS 基于混合分数的燃烧模型是通过线性组合燃料和氧气的守恒模型,而关于 CO 也只设置了一次反应,因此烟气模拟结果和实验值较接近,而 CO 和 CO_2 在个别时间点出现了较大的误差,但这样的大误差点在整个过程中个并不多,因此认为 FDS 模拟得到的烟气成分结果是在合理范围内的,能够反映实验中的分布状况。

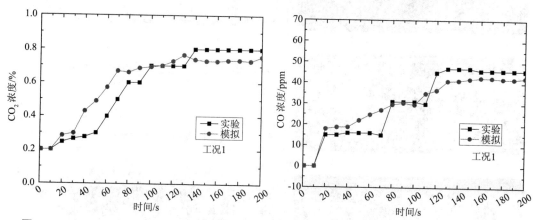

图 5-10　工况 1 实验与模拟 CO_2 浓度值对比图　　图 5-11　工况 1 实验与模拟 CO 浓度值对比图

图 5-12 为工况 1 不同时间通道内可视距离结果的实验与模拟结果对比,从图中看出两条曲线基本重合,烟气在 17 s 扩散到白炽灯泡和照度计所在位置时,可视距离开始下降,10 s 后可视距离降至 6 m 以下,并随着烟气浓度的增加迅速降至 1 m 以下,模拟和实验结果都正确反映了烟气蔓延过程。

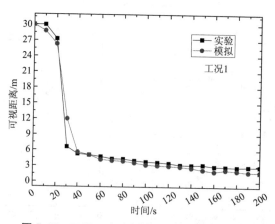

图 5-12　工况 1 实验与模拟可视距离值对比图

基于上述分析,说明 FDS 的模拟结果可以正确体现没有细水雾作用的烟气流动过程,对可视距离的评估是精确的,而对气体浓度的评估存在一些误差,但不影响对整个烟气流动过程的评价,实验结果印证了 FDS 模拟的有效性。

5.5.4　工况 4 模拟与实验结果对比

在比较了没有水雾作用的工况后,对 6 MPa 喷雾压力下单排喷杆的工况 4 进行模拟与实验结果对比,验证水雾与烟气层相互作用下的控烟过程。按照实验和上一节的方法开展对比研究。

图 5-13 是工况 4 实验与模拟烟气在细水雾型水幕作用下的运动过程,水幕动作之前与工况 1 一致,烟气层在 60 s 前形成了稳定下降的热烟气层,在 60 s 水幕开启后,烟气在水雾的拖拽作用下沉降,从图中 62 s 看出模拟与实验中体现出的烟气沉降过程一致,伴随着烟气的沉降细水雾水幕改变了烟气流动方向,阻截了其继续向水幕下游扩散的过程,149 s 时水幕上游空间环境恶化,而下游较之要好很多,这与温度、气体浓度等参数的变化过程是吻合的,同时也说明了模拟的有效性。

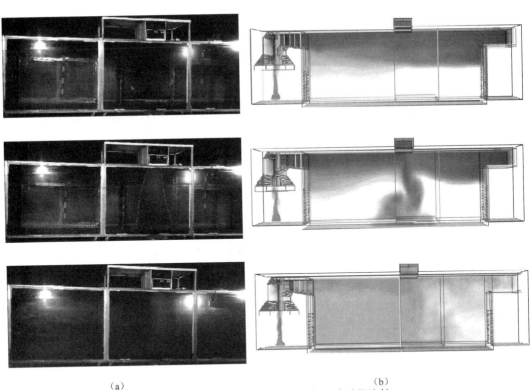

(a)　　　　　　　　　　　　　　　(b)

图 5-13　工况 4 实验与模拟烟气运动过程比较

(a)实验过程　(b)模拟过程

图 5-14 表明实验与模拟的温度值吻合程度,在水幕开启之前,其两侧的温度都处于升高的过程,两种结果吻合得非常好,而在水幕动作后温度都开始下降,模拟的温降速度略快于实验值变化速度,两者误差均在 10% 以内。

从图 5-15 可以看出，O_2 浓度的模拟结果与实验结果随时间变化趋势一致，水幕动作前 O_2 浓度的下降速度模拟值快于实验值，而水雾动作后其回升过程仍是模拟值略快，总体误差都小于 2%。CO_2 浓度对比结果如图 5-16 所示，两者同样表现出了一致的发展趋势，水幕动作前逐渐升高，水幕动作后开始回落，并达到 4% 左右时趋于稳定，模拟值与实验值的最大误差没有超过 20%，在验证 FDS 模拟正确性的同时，表明该工况下细水雾型水幕阻烟效率并没有达到 100%，这好与第 4 章的阻烟效率分析也是相一致的。CO 浓度对比结果如图 5-17 所示，两者均表现出 CO 持续上升，但上升速度被抑制的浓度发展过程，水幕动作后 CO 浓度上升速度模拟值大于实验值，但最终两者趋于稳定。

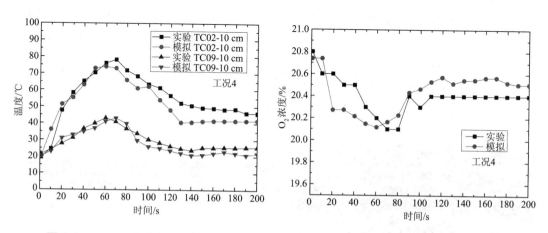

图 5-14　工况 4 实验与模拟温度值对比图　　图 5-15　工况 4 实验与模拟 O_2 浓度值对比图

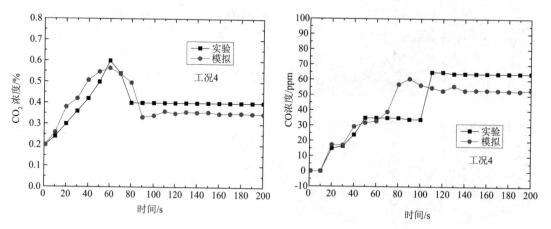

图 5-16　工况 4 实验与模拟 CO_2 浓度值对比图　　图 5-17　工况 4 实验与模拟 CO 浓度对比图

图 5-18 则比较了工况 4 的可视距离变化，水幕动作前两者数值变化曲线吻合得非常好，水幕动作后可视距离回升并趋于稳定，由于水幕对空间内气流的扰动非常严重使得水幕下游可视距离的实验测量值和模拟值都有较大的波动，两条曲线相互交错。

基于上述分析，说明 FDS 的模拟结果同样可以成功再现细水雾型水幕作用下的烟气流动过程,实验结果可以印证了 FDS 模拟的有效性。

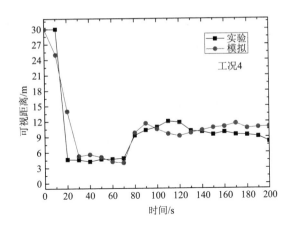

图 5-18　工况 4 实验与模拟可视距离值对比图

5.5.5　工况 15 模拟与实验结果对比

在第 4 章的实验中考虑到实验台纵向长度的限制,工况 15 中将细水雾水幕下游的开孔率增加至 50%,模拟纵向长度很长的空间(例如隧道)中纵向通风对细水雾型水幕阻烟效果的影响,因此本节对工况 15 进行模拟重现。按照前两节的方法开展实验与数值模拟结果对比研究。

图 5-19 是该工况细水雾阻断烟气流动的实验与模拟过程记录,同前两个工况一样,模拟过程再现了细水雾水幕的阻烟过程,与工况 4 不同的是在增加了下游的通风率后,通风口处由于空气对流,新鲜空气从通道外进入通道加强了水幕阻烟的效果,128 s 时烟气流动基本被阻断水幕下游环境极大改善。图 5-20 为该工况不同时间点的速度矢量模拟结果,速度矢量图更清晰地展现了细水雾水幕和通风共同作用下的阻烟效果。就烟气流动过程而言,工况 15 的模拟结果成功地还原了该工况的控烟过程。

图 5-21 是水幕前后温度模拟与实验值的比较曲线,同样温度曲线的温和程度最高,温度曲线趋势一致,误差均在 5% 以内,温度的变化过程体现了水雾对火场的冷却作用,也再次验证了 FDS 模拟的有效性。

与前几组工况对比一样,烟气成分对比结果性对较差,但曲线变化趋势一致,除个别点存在较大的差距外,大部分吻合得较好都在合理范围之内。图 5-25 可视距离结果的比较,同样也说明了 FDS 模拟结果的合理性。

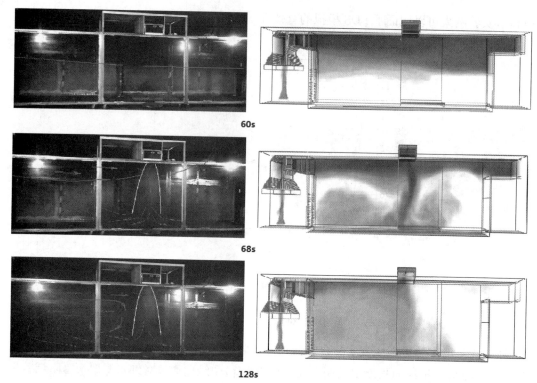

60s

68s

128s

（a）实验过程　　　　　　　　　　　　　　　　　　　　（b）模拟过程

图 5-19　工况 15 实验与模拟烟气运动过程比较

（a）实验过程　（b）模拟过程

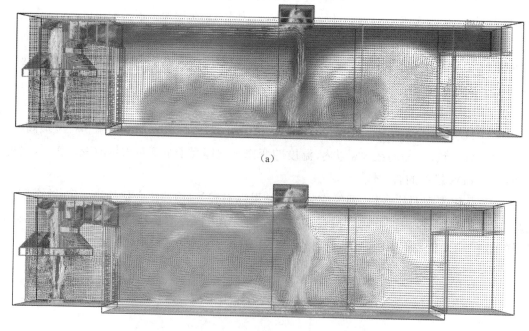

（a）

（b）

图 5-20　工况 15 水雾与烟气作用过程速度矢量图

（a）66 s　（b）88 s

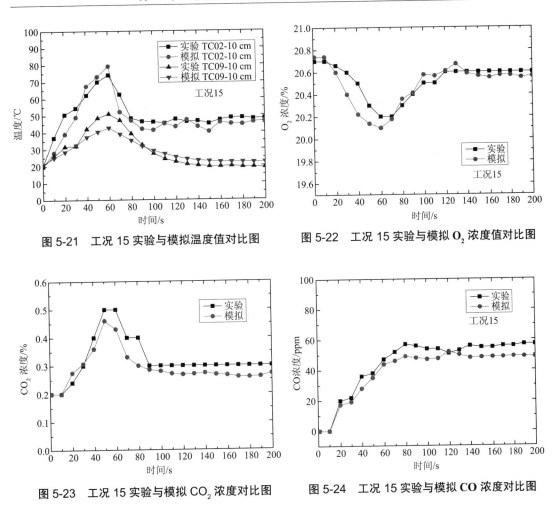

图 5-21　工况 15 实验与模拟温度值对比图

图 5-22　工况 15 实验与模拟 O_2 浓度值对比图

图 5-23　工况 15 实验与模拟 CO_2 浓度对比图

图 5-24　工况 15 实验与模拟 CO 浓度对比图

图 5-25　工况 15 实验与模拟可视距离值对比图

5.6　本章小结

本章利用 FDS 火灾场模拟软件对第 4 章实验的三种典型工况进行了数值模拟,将模拟结果和实验结果进行了细致的比较。针对狭长空间内的烟气流动规律,细水雾型水幕的阻烟效果,选择烟气运动过程,水幕前后的温度、O_2 浓度、CO_2 浓度、CO 浓度以及可视距离等特征参数进行比较。综合三种模拟工况结果与实验结果的比较,得出以下结论:

（1）FDS 模拟能够对狭长空间内细水雾阻烟实验过程进行较好的模拟,模拟结果与实验结果吻合度较高,利用该方法开展相关控烟过程数值模拟是可行的;

（2）模拟结果表明,细水雾型水幕可以阻止火灾烟气在狭长空间内的纵向流动;

（3）FDS 为研究火场复杂的多相流流场研究提供了软件支持,为开展隧道内细水雾型水幕和集中排烟耦合控烟方法的应用研究提供研究思路和方法。

第6章 隧道内细水雾型水幕与集中排烟烟气控制系统数值模拟

6.1 引言

火灾是公路隧道中最大的安全问题,而烟气的控制和排除又是隧道火灾的核心问题,一直是隧道消防工程研究的热点。隧道中的排烟模式主要有纵向排烟和集中排烟两种,第一章的综述表明集中排烟模式是双向交通隧道和特长隧道通风排烟模式的首选,尤其是城市地下交通联系隧道的最佳运行方案,国内外研究人员对如何有效设置集中排烟系统、提高排烟效率开展了大量研究。

本章将把第4章的实验研究结果进行应用,提出公路隧道内细水雾型水幕与集中排烟烟气控制(water mist screen and transverse ventilation system, WMSTV)系统。在第5章软件验证的基础上,以某隧道工程为例开展FDS数值模拟研究,对自然通风、集中排烟以及细水雾型水幕和集中排烟共同作用的三种工况进行模拟,通过比较验证该方法的可行性及表现出来的优势。考虑火源功率、排烟量大小、排烟口个数、疏散通道距离等因素,总结影响该方法应用效果的相关参数,并提出相应的实际工程应用策略。

6.2 隧道集中排烟系统

特长公路隧道和城市地下交通隧道的发展促进了集中排烟系统在我国的研究和应用。我国的一些水底盾构隧道和城市交通隧道开始使用集中排烟模式,例如上海长江隧道,浙江省的庆春路过江隧道和钱江隧道,北京东二环地下交通隧道均采用了集中排烟模式。集中排烟系统工作原理如图6-1所示。

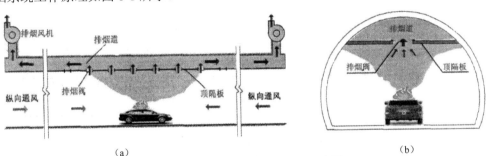

(a) (b)

图6-1 集中排烟系统工作原理示意图

(a)纵断面图 (b)横断面图

　　下面以我国某过江隧道为例,对集中排烟及其运行模式进行介绍。该隧道段设计车速
80 km/h,车道宽度组为 2×3.75+3.5 m,车道净高 5.0 m。隧道建筑总长度 4.45 km,由江中
段、两岸明挖段以及两岸工作井组成,其中江中段采用东、西线分离的结构形式,盾构法施
工。整个隧道的纵坡呈"V"字形,隧道南北两端最大纵坡均为 2.8%,江中设有 0.3% 和 1%
的两段缓坡。

　　隧道江南、江北分别设置排风塔,每座风塔内设置 4 台大型轴流风机,风机通过风口、风
道与主隧道相连;每管隧道入口段(明挖暗埋段)悬挂 8 台单向射流风机,出口段(明挖暗埋
段)悬挂 8 台可逆射流风机。隧道通风采用火灾时采用集中排烟方式,在隧道盾构段利用
顶部富余的拱形空间作为排烟风道,每隔 60 m 设置专用排烟风阀,风阀大小
4 000 mm×1 250 mm,用于火灾时的集中排烟。出口距离较短,当出口发生火灾时,烟气可
以被直接吹出洞外;当进口段发生火灾时,盾构段始端排烟口也可以排烟,因此出入口段均
不设置排烟道。

　　不同地点的火灾排烟模式如图 6-2 所示。当火灾发生在入口段时,开启盾构段始端 6
个排烟口,利用排烟道将烟气排出隧道;当火灾发生在盾构段时,开启火灾点及下游共 6 个
排烟口,同样利用排烟道将烟气排出隧道;当火灾发生在出口段时,开启射流风机,直接将烟
气吹出洞外。

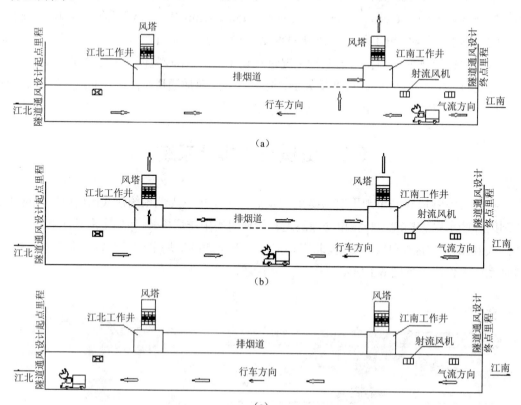

图 6-2　某过江隧道火灾烟气控制运行模式

(a)入口段火灾烟气控制　(b)盾构段火灾烟气控制　(c)出口段火灾烟气控制

6.3　细水雾型水幕与集中排烟（WMSTV）系统

为了进一步缩小火灾烟气的控制范围,提高排烟效率,同时降低纵向通风对火源热释放速率的影响,本书提出细水雾型水幕与集中排烟耦合烟气控制（WMSTV）系统的方法。WMSTV 系统由两条间隔一定距离的细水雾型水幕和集中排烟系统组成,如图 6-3（b）所示。该方法对 6.2 节中所述盾构段的集中排烟模式加以改进,在隧道内进行防烟分区设置。借鉴 McCory 提出的基于水系统的隧道防火分隔系统（water shield mitigation system）如图 6-3（a）所示,在隧道顶部增加集中排烟系统。

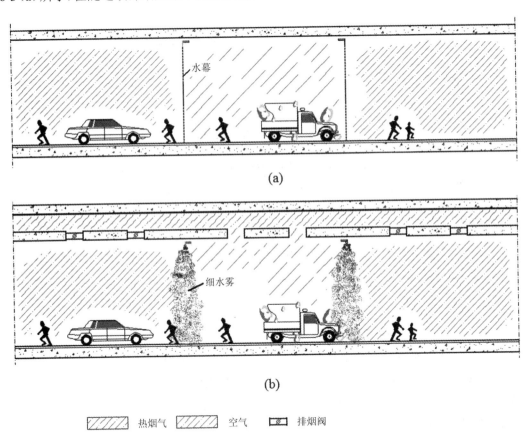

图 6-3　两种隧道火灾烟气控制模式图
（a）水幕阻烟示意图　　（b）细水雾型水幕结合集中排烟模式控烟示意图

在 WMSTV 系统中,细水雾喷头沿隧道顶板下方横向布置,细水雾不直接作用于火源上,在此起阻烟隔热的作用。当火灾发生时,在感烟探测器的联动控制下火源上下游的两道细水雾型水幕开启,同时细水雾型水幕中间的排烟防火阀开启通过隧道顶部的排烟道将烟气排除。

6.4　数值模型及工况设置

6.4.1　隧道模型构建

以 6.2 节中我国某过江隧道为原型,按照其结构尺构建 FDS 隧道模型,并在其中设置 WMSTV 系统,如图 6-4 所示。隧道模型长 600 m,宽 10 m,高 7 m。在隧道竖直方向设置隔板将隧道分为行车区(高 5 m)和排烟区(高 2 m),在隔板上设置排烟阀(宽 6 m,长 1 m)和细水雾型水幕。

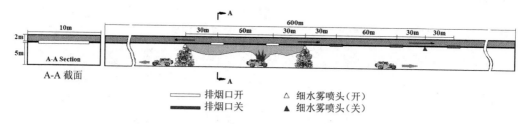

图 6-4　WMSTV 系统示意图

上海市《道路隧道设计规范》(DG/TJ08-2033-2008)规定特长、超长及阻塞率发生较高的隧道,宜采用重点排烟方式,排烟口应设置在隧道顶部,间距不宜大于 60 m。依照此规范,模型中两个排烟口的中心距离不大于 60 m。为了防止水雾距离排烟口太近产生水雾被吸气气流卷吸,模型构建时设置细水雾型水幕距离排烟口中心不小于 30 m。细水雾型水幕间距的设置也与隧道内人员紧急疏散通道的设置相关,模拟火灾场景设定时水幕间距设定为 60 m、120 m、150 m 和 180 m。

6.4.2　火源设置

在火灾场景设定中,火源热释放速率的确定是通风排烟、灭火、探测等各类设施评估、设计的基础。热释放速率曲线的设置直接影响火灾安全评估的结果。在隧道火灾设计中,热释放速率设定的最常用办法是根据火源性质选择最大热释放速率,世界公路协会(PIARC)和美国国家隧道火灾保护标准(NFPA502)为隧道火灾热释放速率的选择提供了参考依据,NFPA 502 提供了不同类型车辆的热释放速率,见表 6-1。

实际火灾中,着火物质并不是开始就达到最大热释放速率,而是经历一个逐步发展的过程。热释放速率曲线的表达通常有三种类型:线性曲线(Linear Curve)、二次方曲线(Quadratic Curve)和指数曲线(Exponential Curve)。城市公路隧道考虑到安全问题,通常会限制重型货车、油罐车等特大危害的车辆行驶,因此模拟计算是依据不同车辆的热释放速率和火灾最不利原则,假定为公共汽车起火燃烧最大热释放速率为 30 MW。由于计算时间的限制,不能计算整个增长、发展和衰减过程,另外模拟计算的目的是验证水幕和集中排烟共同作用下的火场热传递和烟气控制效果,因此只考虑稳定发展阶段,模拟时间为 6 min。

表 6-1　典型车辆热释放速率（NFPA 502）

车辆类型	热释放速率 / MW
小客车	5~10
2~4 轮客车	10~20
公共汽车	20~30
重型货车	70~200
油罐车	200~300

6.4.3　计算域网格设置

合理的网格划分是保证计算精度和节省计算时间的前提。由于隧道纵向尺寸很长，如果模型整体使用同一尺寸的网格计算机将无法承受如此大的计算量。因此，网格设置采用了 FDS 中的多重网格划分方法，即在火源附近采用加密的网格，而远离火源的地方适当增加网格尺寸。据 Petterson 的研究报告，在采用 FDS 软件进行火灾过程的数值模拟时，为使计算结果与实验结果有较好的契合度，火源及其附近区域的网格尺寸应控制在 0.05~$0.1D^*$，离火源较远的区域可以采用较粗的网格，网格尺寸最大可达 $0.5D^*$。

模拟中火源功率设置为 30 MW，由公式（5-22）计算得出，D^* 为 3.74 m，$0.1D^*$ 为 0.374 m，$0.5D^*$ 为 1.87 m。本计算模型的网格划分见表 6-2 和图 6-5。

表 6-2　模拟计算网格设置

	网格区域 /m			网格尺寸 /m			网格数量
	x	y	z	δx	δy	δz	
Mesh1	-5 ~ 5	-300 ~ -100	0 ~ 7.5	0.5	0.5	0.5	20×400×15
Mesh2	-5 ~ 5	-100 ~ 100	0 ~ 7.5	0.2	0.2	0.25	40×1000×30
Mesh3	-5 ~ 5	100 ~ 300	0 ~ 7.5	0.5	0.5	0.5	20×400×15

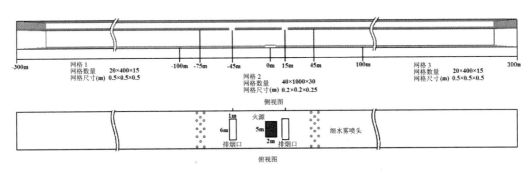

图 6-5　典型场景网格、火源、排烟口及水幕设置

6.4.4　细水雾水幕的参数设定

为了能够使细水雾型水幕系统对隧道的横截面形成全覆盖，每道水幕设置 3 排细水雾

喷头,共计 14 个,喷头交错布置,每排及每个喷头的布置间距如图 6-6 所示。单个喷头设计流量为 30 L/min,细水雾滴初始喷射速度为 10 m/s,水滴平均粒径为 300 μm,系统喷射压力为 10 MPa。在 X 轴和 Y 轴方向上,单个喷头喷出的液雾形状如图 6-7 所示。每道细水雾型水幕形成的雾通量范围在 0 到 0.75 kg/m² · s,图 6-8 为距地面 2.6 m 处 xy 截面水雾通量分布。模拟时细水雾喷头设置为由感烟探测器控制开启。

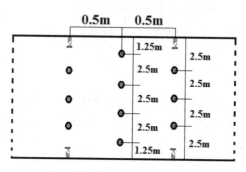

图 6-6　细水雾型水幕喷头布置图

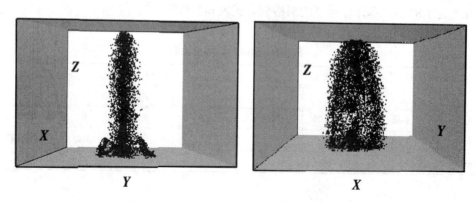

图 6-7　X 和 Y 轴方向单喷头细水雾雾场分布

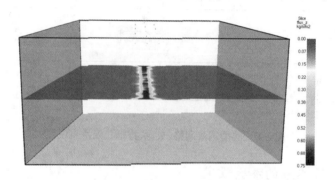

图 6-8　距地面 2.6 m 处 xy 截面水雾通量分布

6.4.5　排烟量的确定

排烟量是火灾排烟设计的核心参数,针对不同的建筑物通常有单位面积排烟量法、体积换气次数法和羽流产烟量法。在隧道火灾烟气控制中,羽流产烟量法应用得较为普遍。排烟量取决于火灾烟气生成量,而后者又源于火源上方烟气羽流的质量流量。该方法首先沿确定火源热释放速率和烟气层高度,然后利用理论公式计算烟气的质量流量、烟气温度,最后由计算得到的烟气体积流量确定排烟量。在管道输运的过程中,为保证排烟效果还应考虑 10%~20% 的漏风量。

依据 NFPA92B 关于羽流质量流量的计算,轴对称羽流的烟气质量流量可以由以下公式计算:

$$M_\mathrm{p} = \begin{cases} 0.032 Q_\mathrm{c}^{3/5} z & z \leq z_1 \\ 0.071 Q_\mathrm{c}^{1/3} z^{5/3} + 0.0018 Q_\mathrm{c} & z > z_1 \end{cases} \tag{6-1}$$

式中:M_p 为羽流质量流量,kg/s;Q_c 为火源对流热释放速率,取火源热释放速率的 0.7 倍,kW;z 为燃料面到烟层底部的高度,m;z_1 为火焰平均高度,m。

火焰平均高度的计算公式为:

$$z_l = 0.166 Q_\mathrm{c}^{2/5} \tag{6-2}$$

烟羽流的平均温度的计算公式为:

$$T_\mathrm{p} = T_0 + \frac{Q_c}{M_\mathrm{p} c_\mathrm{p}} \tag{6-3}$$

式中:T_p 为烟羽平均温度,K;T_0 为环境温度,K;c_p 为空气的定压比热,kJ/(kg·K)。

火灾烟气的体积流量的计算公式为:

$$V = \frac{M_\mathrm{p} T_\mathrm{p}}{\rho_0 T_0} \tag{6-4}$$

式中:V 为火灾烟气的质量流量,m³/s;ρ_0 为环境温度下空气的密度,20℃时,$\rho_0 = 1.2$ kg/m³。

在模拟 WMSTV 系统的集中排烟时,排烟管道的两端断面面积确定后,根据排烟量计算排烟速度。排烟风机和排烟口的开启由感烟探测器联动控制。经计算,对于 30 MW 的火源,其排烟量为 120 m³/s。按照目前隧道中常用的排烟阀有效排烟面积,确定排烟口面积为 6 m²,1 m(长)×6 m(宽),如图 6-5 所示。

6.4.6　模拟工况

本章模拟首先验证 WMSTV 系统的有效性,对没有任何排烟措施的工况、只有集中排烟设置的工况和设置 WMSTV 系统的工况进行模拟对比。然后改变细水雾型水幕的间距、排烟口距离进行模拟,模拟结果为实际工程应用提供数据支持,确定最佳应用参数。模拟工况总计 16 个,如表 6-3、6-4 所示,图 6-9 为典型工况示意图。

表 6-3　WMSTV 系统有效性验证模拟工况

工况	火源热释放速率 /MW	烟气控制策略	细水雾型水幕间距 / m	排烟口间距 /m	排烟口与水幕间距 / m	排烟量 m³/kg
1	30	—	—	—	—	—
2	30	集中排烟	—	60	—	120
3	30	WMSTV 系统	120	60	30	120

表 6-4　WMSTV 系统应用模拟工况

工况	火源热释放速率 /MW	排烟量 m³/kg	细水雾型水幕间距 L / m	细水雾型水幕位置	排烟口个数 / 个	排烟口间距 L_1 /m	排烟口与水幕间距 L_2 /m
4		—	60	-30 m/30 m	1	—	30 m
5					1	—	60 m
6			120	-60 m/60 m	2	60 m	30 m
7					3	30 m	30 m
8					4	20 m	30 m
9	30	120			1	—	75 m
10			150	-75 m/75	2	60 m	45 m
11					3	45 m	30 m
12					4	30 m	30 m
13					1	—	90 m
14			180	-90 m/90 m	2	60 m	60 m
15					3	60 m	30 m
16					4	40 m	30 m

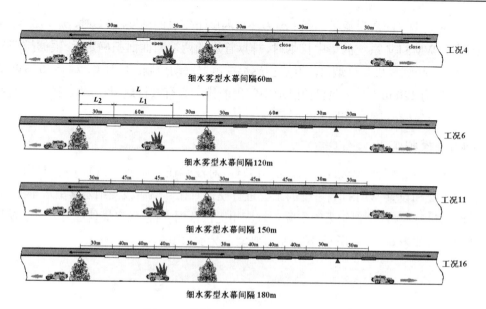

细水雾型水幕间隔60m

细水雾型水幕间隔120m

细水雾型水幕间隔150m

细水雾型水幕间隔180m

图 6-9　典型 WMSTV 系统工况示意图

6.5　WMSTV 系统控烟有效性模拟结果分析

为了确定 WMSTV 系统的烟气控制有效性,对无排烟措施(工况 1)、设置集中排烟(工况 2)和设置 WMSTV 系统(工况 3)三种工况的模拟结果进行对比分析,比较了不同场景下的烟气蔓延过程、温度、CO 浓度、可视距离变化。

6.5.1　烟气蔓延过程

图 6-10 为 3 种控制模式下,火灾发生 300 s 时的烟气分布图。在没有任何烟气控制措施的情况下,烟气在热浮力的作用下在隧道内形成稳定的烟气层,烟气层沿着隧道纵向对蔓延扩散,蔓延一段距离后由于冷空气的掺混和壁面结构的冷却烟气温度下降逐渐失去热浮力,烟气层开始沿隧道两侧壁面下沉,最终充满整个隧道。从图 6-10 中可以看出,300 s 时场景 1 的整个空间充满烟气,这中情况是非常危险的,也充分说明了隧道烟气控制的必要性。而在设置了集中排烟系统以后,从图 6-10 场景 2 中看出隧道上部的排烟管道内充满烟气,烟气被强制排除,其蔓延得到了控制,由于火源位置不在两个排烟口中央,因此烟气向其两侧蔓延的距离不对称。在集中排烟作用下烟气蔓延距离缩短,但 300 s 时火源两侧 315 m 的范围内仍然被烟气充满,火源左侧蔓延了 150 m,右侧蔓延了 165 m。相对前两种工况,在设置了细水雾型水幕后,300 s 时烟气被控制在两道水幕之间 120 m 内,火灾烟气蔓延距离比只有集中排烟时减小了 195 m。

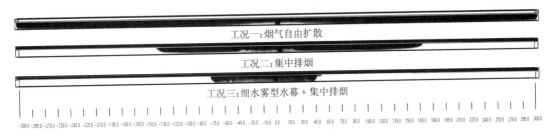

图 6-10　300 s 时火灾烟气分布图

图 6-11 为 WMSTV 系统控制下的烟气蔓延过程。火灾发生后,火源两侧的排烟口开启,烟气从排烟管道排出。细水雾开启之前,火源两侧烟气分布是对称的,细水雾水幕开启后,在水雾的作用下烟气随之沉降如图中 30 s 所示。随后烟气被控制在两道水幕之间,直到 360 s 烟气一直没有突破细水雾水幕的防线。根据细水雾型水幕阻烟机理的分析,一方面在细水雾冷却作用下,烟气温度将低减弱了热浮力,另一方面细水雾带动气流向下的速度远大于烟气的流动速度,烟气的流动方向随之改变,另外水滴与炭黑粒子的凝聚也加速了烟气的下沉过程在细水雾的作用下,下沉的烟气在排烟口和水幕之间扰动比较剧烈,并出现从水幕向排烟口回流过程,但这个区域内 2 m 高度以下空间的各种参数还是在消防员的承受范围内的,这将在随后的参数分析中体现。

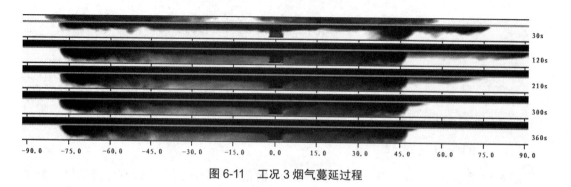

图 6-11 工况 3 烟气蔓延过程

6.5.2 温度分布

图 6-12 为 3 种控制模式下,火灾发生 300 s 时隧道内温度分布图,温度分布于烟气蔓延趋势一致。图 6-13 为 3 种工况下 300 s 时隧道顶部 4.95 m 处的温度变化曲线。

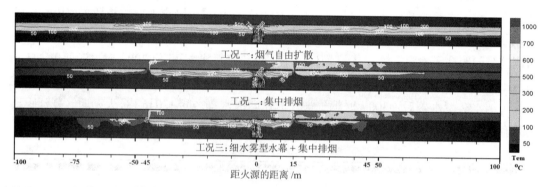

图 6-12 隧道内温度分布

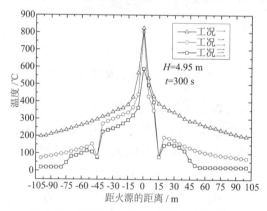

图 6-13 距地面 4.95 m 处温度分布曲线

从图 6-12(a)中看出,在没有任何排烟措施的情况下,烟气温度分布以火源为中心对称分布,火源正上方温度最高达到 1 000℃以上,高温区主要在距地面 2 m 以上的空间,高温充满了整个计算区域。从图 6-13 中得出,就是远离火源 100 m 的地方,隧道顶棚附近的温度都在 200℃以上,在火源两侧 15 m 的范围内温度从 850℃降至 400℃,随后逐渐降至 200℃,

如此高温的烟气会对隧道顶棚的混凝土壁面造成严重的破坏。

在设置了集中排烟以后，从图 6-12（b）看出隧道内高温范围得到有效控制，温度在 200℃以上的区域被控制在 60 m 范围内，即两个排烟口之间，这表明伴随着烟气的排出，大量热量也被排除，隧道内温度相应降低，两个排烟口下游更加明显。从图 6-13 中同样可以得出，较没有排烟措施的工况，两个排烟口之间的温度变化趋势一致，火源两侧 30 m 范围内隧道顶部 4.95 m 处的温度从 800℃骤降至 400℃，随后逐渐降至 200℃，在排烟口出温度突然能将之 50℃左右，这是由于吸气气流的扰动，排烟口出的负压诱导烟气和冷空气从此处进入排烟管道，随后烟气温度随着远离火源逐渐下降至 80℃。

从图 6-12 中可以看出设置了 WMSTV 系统的烟气控制效果较只有集中排烟有了进一步改善。隧道内的高温区被控制在两道水幕之间，并且由于细水雾的蒸发冷却，隧道内的整体温度低于前两种工况。温度变化趋势与设有集中排烟的工况一致，但在两道水幕下游隧道顶部 4.95 m 处的温度降至室温，这对隧道顶棚壁面的保护起到积极的作用。

数值模拟结果与 Amano 的实验结果（图 6-14）趋势一致，这也证明了模拟结果的合理性。从温度变化角度印证了 WMSTV 系统对隧道内的烟气控制起到了良好的作用，并且控制效果好于仅设置集中排烟的工况。

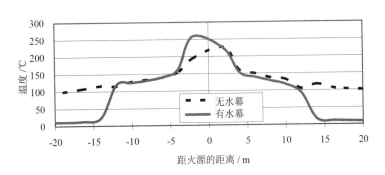

图 6-14　Amano 缩比例实验中隧道顶棚温度分布曲线

6.5.3　可视距离分布

可视距离直接影响人员疏散，是火场安全评估的重要参数。图 6-15 为 3 种工况下火灾发生 300 s 时的可视距离分布云图。图 6-16 为 300 s 时隧道内 2 m 高度处的可视距离变化曲线。从图 6-15 可以看出可视距离分布于烟气的蔓延是完全一致的，烟气蔓延到的地方可视距离迅速下降。在没有任何排烟措施的情况下，300 s 时整个计算域的可视距离接近于 0，只有火源附近靠近地面处保持较高的能见度。而设置集中排烟后，隧道内的能见度有所改观，两个排烟口之间距地面 2 m 以内的可视距离大大提高，但排烟口的下游都在 10 m 以下。结合图 6-16 得出设置集中排烟的情况下，两个排烟口之间的 2 m 高度以下可视距离能够到达 30 m，这对该区域内的人员疏散和开展灭火救援行动是非常有力的，但排烟口下游可视距离迅速下降至 10 m 以下，并且越远离火源能见度越低，最终降至 5 m 以下。从可视距离分布可以得出，在远离火源烟气温度下降后热浮力降低，火灾烟气从远离火源处开始沉降,这又对人员疏散带来了巨大的威胁。

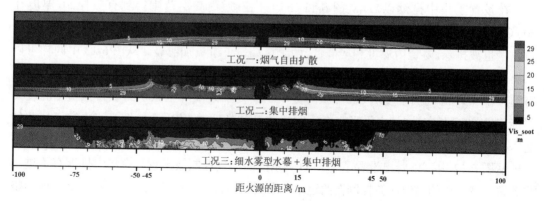

图 6-15　火灾发生 300 s 时可视距离分布云图

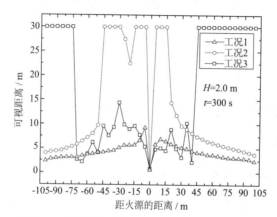

图 6-16　隧道内 2 m 高度处的可视距离变化曲线

对于工况 3,设置细水雾型水幕后,火场的可视距离分布同前两个工况相比发生了质的改变。图 6-15(c)显示在两道水幕之间能见度介于前两个工况之间,比没有排烟设置的情况好,比集中排烟情况差。由于细水雾型水幕的开启,将烟气阻隔在了中间,首先烟气的集中增加了集中排烟系统的载荷,水雾对烟气的冷却也减小了烟气向上运动的热浮力增大了排烟的困难,烟气随细水雾沉降恶化了水幕与排烟口之间的能见度。但细水雾型水幕阻止了烟气向下游空间的蔓延,受灾人员及车辆只要逃出这 120 m 的浓烟区域便脱离了危险。图 6-16 中的数据定量说明了这个问题,水幕之间能见度波动比较剧烈,在集中排烟的作用下两个排烟口之间的平均可视距离在 10 m 左右,排烟口与水幕之间的平均可视距离为 5 m,这种条件无法满足正常的人员疏散,但该部分距离不长,对于有良好防护装备的消防员来讲还是可以忍受的。细水雾型水幕下游空间的可视距离均在 30 m 以上。

6.5.4　CO 浓度分布

图 6-17 为 3 种工况下火灾发生 300 s 时的 CO 浓度分布云图。从图中可以看出,CO 浓度分布与烟气和温度分布是一致的,CO 浓度最高能达到 2 000 ppm,都集中在火源正上方。

在没有任何排烟措施的情况下,随着烟气的蔓延扩散,隧道内的 CO 浓度也相应增加,浓度在 200 ppm 以上的区域都在 2 m 高度以上空间。在设置集中排烟后,大量 CO 随烟气从排烟管道排除,高 CO 浓度区域被控制在两个排烟口之间,排烟口下游的 CO 浓度都在 100 ppm 以下。增加细水雾型水幕后, CO 分布集中在两道水幕之间,水幕下游 CO 浓度为 0,随着细水雾的扰动在水幕与排烟口之间的 CO 浓度范围增加,较前两种工况有所恶化,但 2 m 以下空间内的 CO 浓度都在 50 ppm 以下,远小于人能所承受的极限值 500 ppm。

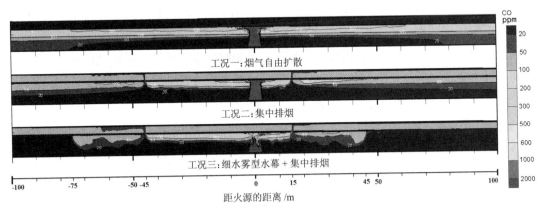

图 6-17　火灾发生 300 s 时 CO 浓度分布云图

图 6-18 为 300 s 时隧道内 2 m 高度处的 CO 浓度变化曲线。图 6-18 定量反映了 CO 的浓度分布,工况 1 的浓度最高,工况 2 次之,工况 3 在水幕下游情况最佳 CO 浓度为 0,而水幕之间 CO 浓度分布波动较大。但三种工况下,隧道 2 m 高度处的 CO 浓度都处于人员逃生可承受范围之内。

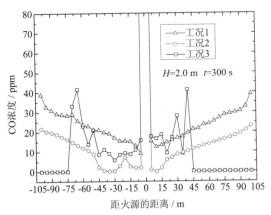

图 6-18　隧道内 2 m 高度处的 CO 浓度变化曲线

通过对比 3 种工况的模拟结果分析可以得出,在细水雾型水幕和集中排烟的共同作用下可以将火灾烟气控制在所在的防烟分区内,这种方法是有效可行的。当施加细水雾型水幕后,烟气向下游的流动被阻断,但烟气层的纵向分层流动被打破,烟气随水雾快速下沉,但水幕下游的温度、可视距离、CO 浓度大大改善。可视距离的下降是威胁人员疏散的最主要因素。由于集中排烟的设置,是的水幕间的环境不至于过度恶化,2 m 高度以下可视距离在 8~12 m 之间。

6.6　WMSTV 系统应用参数确定

从 6.5 节的分析可以得出,在 WMSTV 系统控制下烟气可以被控制在两道细水雾型水幕内,本节将通过模拟确定 WMSTV 系统在实际应用中的设计参数,主要考虑水幕间距、排烟口间距和排烟口数量的影响。隧道中火灾危害主要是高温对顶棚结构的破坏以及烟气对受灾人员的危害,设置水幕后对人群疏散最重要的影响因素是火场可视距离的变化,因此本节的分析主要考察不同工况烟气蔓延过程、可视距离变化以及排烟效率。

6.6.1　固定水幕间距情况下排烟口设置

对于烟气蔓延过程的控制,首先对细水雾型水幕间距为 120 m,排烟口数量为 1、2、3、4 的工况(工况 5- 工况 6,详见表 6-4)进行分析。图 6-19 ~ 图 6-26 分别为 4 个工况的烟气蔓延过程和可视距离分布变化。

图 6-19 和图 6-20 显示在水幕中间设置 1 个排烟口时,两道水幕全部开启,在火源与水幕之间没有排烟口一侧,水幕的开启并不能完全限制烟气的蔓延。反而在水雾作用下烟气加速沉降,首先恶化火源与水幕间的疏散条件,由图 6-20 可以看出 60 s 时该区域的可视距离全部降至 1 m 以下。随后烟气穿过水幕纵向蔓延,同时由于水雾冷却造成的烟温下降,纵向蔓延同时竖向沉降也很快,180 s 时水幕下游可视距离也严重恶化。而在另一侧,细水雾水幕遏制了烟气的纵向蔓延。造成这种情况的原因主要是水幕间只有一个排烟口,如图 6-20 所示,由于排烟集中在排烟口处产生了烟气吸穿现象导致排烟效率降低,烟气向左侧流动受阻,而在右侧大量烟气在水雾总用下壅阻,导致一部分下沉一部分穿越水幕。工况 4、工况 9 和工况 13 烟气蔓延过程与工况 5 相同,因此在应用设置时水幕间的排烟口数量不应小于两个。

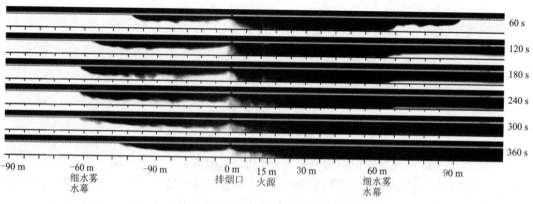

图 6-19　工况 5 烟气蔓延过程

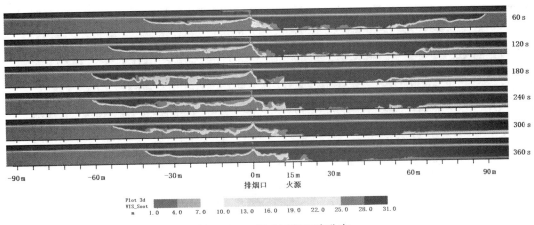

图 6-20　工况 5 可视距离分布

工况 6 与工况 3 的水幕和排烟口位置设置一致,而火源位置不同。图 6-11 和 6-21 表明水幕之间设置两个排烟口时,烟气可以被控制在水幕之间。在水幕与排烟口之间由于水雾作用烟气沉降,该区域的可视距离逐渐恶化,但火源与排烟口间 2 m 以下空间的可视距离 7~10 m 之间,这对于消防队员还是可以承受的,给他们保留了灭火的环境条件,并且从图 6-22 中可以看出两个排烟口处并没有产生吸穿现象,排烟效率较高,这将在排烟效率分析中印证。图 6-23~ 图 6-26 显示,对于 120 m 的控制距离,增加排烟口数量并不能改善烟控效果。工况 7 和工况 8 只实现了单侧控烟,火源右侧可视距离恶化严重均在 1 m 以下,排烟口 1 处吸穿现象严重,并且排烟口间距越小越严重。这是由于排烟口密集,反而导致吸穿现象降低排烟效率。

经上述分析,在进行 WMSTV 系统设置时,排烟口间距不应过小,对于 120 m 的水幕间距,实际应用中建议排烟口距离为 60 m。

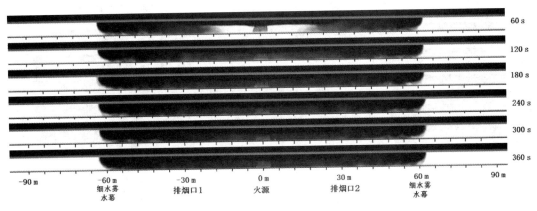

图 6-21　工况 6 烟气蔓延过程

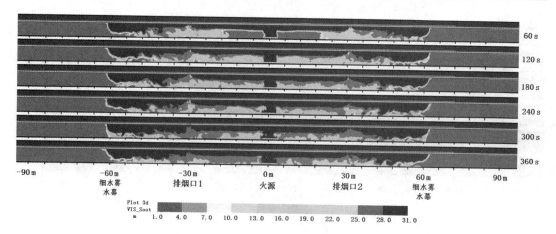

图6-22 工况6可视距离分布

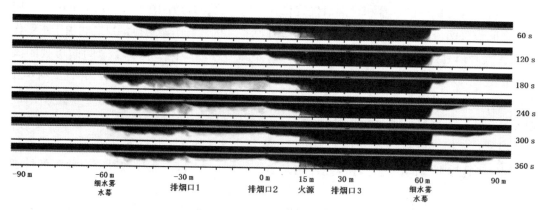

图6-23 工况7烟气蔓延过程

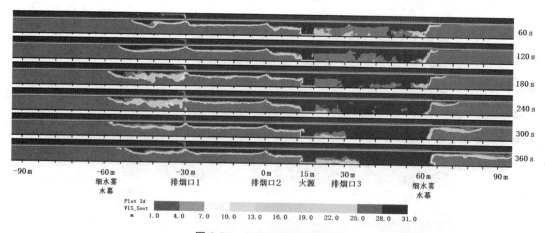

图6-24 工况7可视距离分布

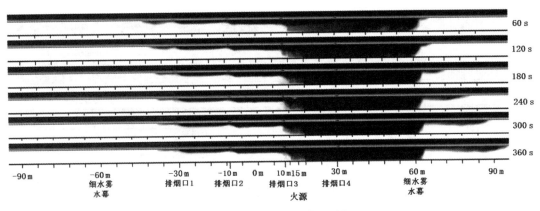

图 6-25　工况 8 烟气蔓延过程

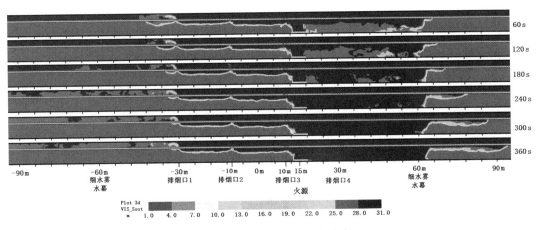

图 6-26　工况 8 可视距离分布

6.6.2　不同水幕间距情况下排烟口设置

图 6-27、6-28 和 6-29 通过可视距离分布情况展示了不同细水雾型水幕间距下相同排烟口数量对烟气控制的效果。

从图 6-27 可以看出,当两排水幕间的排烟口数量为两个,间距为 60 m 时,三种工况都能将烟气控制在水幕之间,并且排烟口间 2 m 高度以下的可视距离基本能保持在 10 m 左右。然而由于水雾对烟气的拖拽沉降,水幕与排烟口之间的区域可视距离恶化比较严重,随着排烟口与水幕间距的增加收到威胁的区域越大。根据实验观测,人在浓烟中低头掩鼻最大行走距离为 20~30 m,我国《建筑防火设计规范》中也要求建筑内的排烟口距离最远点的距离不应超过 30 m。因此,建议细水雾型水幕与排烟口的距离为 30 m。

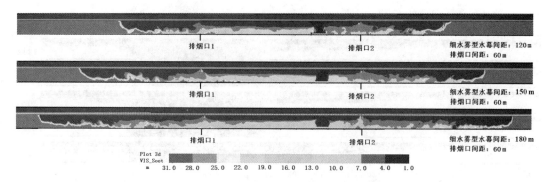

图 6-27　不同水幕距离 2 个排烟口可视距离分布

从图 6-28 可以看出,当两排水幕间的排烟口数量为 3 个,排烟口间距分别为 30 m、45 m 和 60 m 时,3 种工况下水幕都未能达到防烟的效果,只能单侧控烟。虽然 360 s 内烟气扩散范围都被限制,但在火源右侧水幕与火源之间的可视距离严重恶化,距地面 2 m 高度以下可视距离都在 1 m 以下,对疏散和救援都会带来巨大威胁。同时,在火源左侧的排烟口出现了吸穿现象,吸穿现象的产生一方面降低了排烟效率,这也将从效率分析中体现;另一方面由于烟气层被破坏,大量空气被卷席进入排烟口的同时也减缓了烟气向该方向流动的速度和质量,从而加重离一侧水雾阻烟的难度。

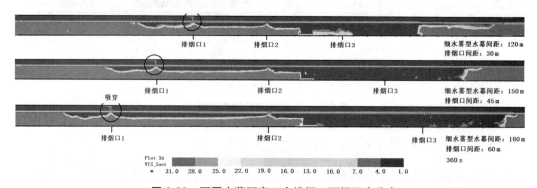

图 6-28　不同水幕距离 3 个排烟口可视距离分布

从图 6-29 可以看出,当水幕间排烟口数量增加到 4 个时,排烟口间距越小控烟效果越差。对于水幕间距为 120 m 的工况 8,排烟口的间距为 20 m,火源左侧烟气被控制,360 s 时左侧水幕没有开启,但排烟口 1 处吸穿现象严重,右侧则控烟失败,密集的排烟口设置适得其反。对于工况 12,由于水幕间距增加至 150 m,排烟口间距增加了 10 m,控烟效果明显改善,360 s 时左侧水幕没有开启,但排烟口 1 处的吸穿现象仍然存在。而当水幕间距增加至 180 m,排烟口间距增加为 40 m 时,两侧水幕均开启,烟气被控制在 180 m 的范围内,每个排烟口处都没有吸穿现象,说明排烟效率有所增加,并且 360 s 内排烟口之间 2 m 以下空间的可视距离在 16 m 左右,水幕与排烟口间的可视距离也在 7 m 以上。

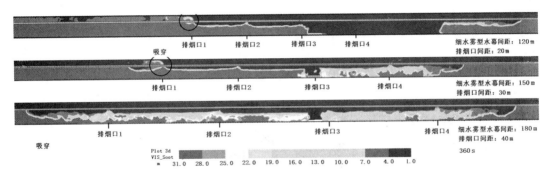

图 6-29　不同水幕距离 4 个排烟口可视距离分布

通过以上分析得出对于不同的水幕间距,合理的排烟口数量和间距影响着 WMSTV 系统的控烟效果,排烟口的最小间距不宜小于 40 m,最大间距不宜大于 60 m。细水雾型水幕与排烟口的间距应在 30~45 m 之间。

6.6.3　不同工况排烟效率对比分析

1. 排烟效率计算

排烟效率为单位时间内所有排烟口的排烟量之和占烟气生成量的百分比。排烟口的排烟效率则为该排烟口单位时间内排除的烟气量占总烟气生成量的百分比。假设系统内设置了 n 个排烟口,则第 i 个排烟口的排烟效率 η_i 为:

$$\eta_i = \frac{Q_i}{Q} \times 100\% \tag{6-5}$$

系统总排烟效率 η 为:

$$\eta = \frac{\sum_{i=1}^{n} Q_i}{Q} \times 100\% \tag{6-6}$$

式中,Q_i 为第 i 个排烟口的排烟量,kg/s;Q 为火灾烟气生成量。

FDS 数值模拟中,采用燃烧生成的 CO_2 量表征烟气生成量 Q,每个排烟口排出的 CO_2 量表征烟气的排出量 Q_i,则排烟效率表示为:

$$\eta_i = \frac{Q_{CO_2,i}}{Q_{CO_2}} \times 100\% \tag{6-7}$$

$$\eta = \frac{\sum_{i=1}^{n} Q_{CO_2,i}}{Q_{CO_2}} \times 100\% \tag{6-8}$$

式中,$Q_{CO_2,i}$ 为第 i 个排烟口排除的 CO_2 的量,kg/s;Q 为 CO_2 的生成量。

FDS 中燃烧过程的化学反应式如下:

$$C_xH_yO_zN_v\text{Other}_w + v_{O_2}O_2 \rightarrow v_{CO_2}CO_2 + v_{H_2O}H_2O + v_{CO}CO + v_{soot}\text{soot}$$
$$+ v_{N_2}N_2 + v_{H_2}H_2 + v_{other}\text{Other} \tag{6-9}$$

其中,各参数计算如下:

$$v_{O_2} = v_{CO_2} + \frac{v_{CO}}{2} + \frac{v_{H_2O}}{2} - \frac{z}{2} \qquad v_{CO} = \frac{W_f}{W_{CO}} y_{CO}$$

$$v_{CO_2} = x - v_{CO} - (1 - H_{frac}) v_{soot} \qquad v_{soot} = \frac{W_f}{W_s} y_s$$

$$v_{H_2O} = \frac{y}{2} - \frac{H_{frac}}{2} v_{soot} - v_{H_2} \qquad v_{N_2} = \frac{v}{2}$$

$$W_s = H_{frac} W_H + (1 - H_{frac}) W_C \qquad v_{H_2} = \frac{W_f}{W_{H_2}} y_{H_2}$$

$$\Delta H \approx \frac{v_{O_2} W_{O_2}}{v_f W_f} \text{EPUMO}_2 \qquad v_{other} = w$$

式中　C、H、O、N、other——燃料的化学元素（$C_{14}H_{30}$）；

　　　W——摩尔质量，g/mol；

　　　y_s——转化为烟气微粒的燃烧物质量比例（0.042）；

　　　H_{frac}——烟气粒子中氢原子所占比例（0.1）；

　　　y_{CO}——转化为 CO 的燃烧物质量所占比例（0.012）；

　　　y_{H_2}——转化为 H_2 的燃烧物质量所占比例（0.0）；

　　　ΔH——燃烧物的燃烧热值（44 100 kJ/kg）；

　　　EPUMO_2——消耗单位质量氧气所释放出的热量（13 100 kJ/kg）。

模拟中选用柴油（KEROSENE，$C_{14}H_{30}$）作为燃烧物，其反应式为：

$$C_{14}H_{30} + 20.82O_2 \rightarrow 13.29CO_2 + 0.085CO + 14.97H_2O + 0.693\text{soot} \qquad (6\text{-}10)$$

通过上式可以得到不同火灾荷载下单位时间内 CO_2 的生成量，如表 6-5 所示。按照公式（6-5）便可计算不同排烟口处的排烟效率。

表 6-5　柴油燃烧单位时间 CO_2 生成量

火源功率 /MW	燃烧热值 /（kJ/kg）	燃烧物质量 /（kg/s）	CO_2 生成量 /（kg/s）
10	46 000	0.217	2.88
20	46 000	0.435	5.78
30	46 000	0.652	8.67

2. 排烟效率分析

前两节通过对不同设计工况下烟气的蔓延过程和可视距离的分布情况分析，定性讨论了水幕间距、排烟口间距设置对烟气扩散控制的影响。本节则从排烟效率角度，定量分析烟控的效果，为 WMSTV 系统的设计提供数据支持。表 6-6 为各工况不同排烟口处的 CO_2 排出量及细水雾型水幕的开启时间统计，表 6-7 为不同工况下各排烟口的排烟效率与系统排烟总效率统计。

表 6-6　各排烟口的开启时间及平均 CO_2 排量

工况	排烟口 1		排烟口 2		排烟口 3		排烟口 4		细水雾型水幕	
	开启时间 /s	平均 CO_2 排量 /(kg/s)	开启时间 /s	平均 CO_2 排量 /(kg/s)	开启时间 /s	平均 CO_2 排量 /(kg/s)	开启时间 /s	平均 CO_2 排量 /(kg/s)	开启时间 /s	
									1	2
4	3.82	1.29							7.2	13.5
5	4	1.36							151	17.8
6	16.7	2.36	4.81	5.43					36	27.4
7	20.7	0.29	4.45	0.772	4.81	0.884			120	24.8
8	21.5	0.081 3	7.7	0.378	3.34	0.713	4.82	0.757		22.9
9	4.45	1.42								25.5
10	16.7	2.02	4.81	5.012					56.2	42.2
11	37.4	0.279	4.45	0.806	9.26	0.847				29.2
12	51.4	0.156	11.8	0.259	4.35	1.704	13	0.56		56.6
13	4.45	1.44								34.4
14	4.8	1.98	16.3	5.21					82.5	62.5
15	61.1	0.165	4.81	0.816	17.8	0.695				38.9
16	42.6	1.357	13.3	2.108	5.57	2.386	23	1.423	107	65.9

表 6-7　集中排烟排烟效率

工况	效率 / %				总效率 %
	排烟口 1	排烟口 2	排烟口 3	排烟口 4	
4	14.88				14.88
5	15.69				15.69
6	27.22	62.63			89.85
7	3.35	8.9	10.2		22.45
8	0.94	4.36	8.22	8.73	22.25
9	16.38				16.38
10	23.3	57.8			81.11
11	3.22	9.3	9.76		22.28
12	1.8	3	19.65	6.45	30.9
13	16.6				16.6
14	22.84	60.09			82.93
15	1.9	9.41	8.02		19.33
16	15.65	24.31	27.52	16.41	83.9

当水幕之间只有一个排烟口时,与烟气流动过程及可视距离分布分析相对应,4 种工况

都无法完全将烟气控制在水幕形成的防烟分区内。对于 60 m、120 m、150 m 和 180 m 的水幕间距，排烟口的排烟效率分别为 14.88%、15.69%、16.38% 和 16.6%，排烟效率很低，大量烟气穿透火源右侧的水幕继续扩散，并且在水雾的降温和冲刷作用下导致烟气层破坏，下沉的烟气充满右侧隧道。火源左侧在排烟的作用下烟气得到一定程度控制，但排烟效率很低吸穿现象严重，水幕间距为 150 m 和 180 m 的工况左侧水幕在 360 s 内没有开启。

当水幕间设置两个排烟口时，对于 120 m、150 m 和 180 m 的水幕间距，两侧水幕全部开启，形成了良好的防烟分隔，烟气被控制在两条水幕中间。由于烟气扩散区域被控制，烟气只能从排烟口排除，各排烟口的排烟效率大幅提升，工况 6、工况 10、工况 14 的总排烟效率分别达到了 89.85%，81.11% 和 82.93%。单个排烟口的排烟效率则与距火源位置的距离相关，距离火源越近排烟效率越高，例如水幕间距 120 m 的工况 6，距火源 45 m 的排烟口 1 的效率为 27.22%，距火源 15 m 的排烟口 2 的效率为 62.63%。

当水幕间设置 3 个排烟口时，水幕间距为 120 m 的工况 7 两侧水幕开启，单个排烟口的排烟效率较低，总排烟效率只有 22.45%，这与烟气流动过程相对应，由于排烟口间距仅为 30 m，左侧两个排烟口出现了吸穿，而右侧烟气在 180 s 时突破了水幕的阻挡，因此造成了右侧控烟失效。而水幕间距为 150 m 的工况 11 和 180 m 的工况 15，都只有单侧水幕开启，并且阻烟失败，这两种工况的排烟效率仅为 22.28% 和 19.33%。因此，此三种工况在实际应用中均不可选。

当水幕间设置 4 个排烟口时，仅水幕间距为 180 m 的工况 16 实现了两侧水幕开启，并且排烟效率达到 83.9%。而水幕间距为 120 m 的工况 8 和水幕间距为 150 m 的工况 12，仅火源右侧水幕开启，两种工况的总排烟效率分别为 22.25% 和 30.9%。造成这种结果的原因是排烟口间距设置的不合理，当水幕间排烟口数量增加时，对于一定的防烟长度只能减小排烟口的间距，工况 8 的排烟口间距仅为 20 m，工况 12 的间距为 30 m，排烟口间距的缩小导致排烟过于集中，一方面吸穿现象严重，一方面加重水幕的阻烟负担导致其阻烟失败。而工况 16 的排烟口间距为 40 m，达到了良好的控烟效果，提高了排烟效率，因此建议实际应用设计中排烟口的设置数量要根据水幕间距来设置，排烟口间距不宜小于 40 m。

6.6.4　系统最佳控烟参数确定

通过上一节对 13 个工况的烟气控制效果和排烟效率的分析得出，要达到良好控烟效果，为人员疏散和消防员灭火行动的展开提供良好的环境条件，水幕间距的设置要结合隧道的紧急疏散通道或避难场所长度来选择，水幕间排烟口的数量则要根据水幕间距来选择，建议排烟口间距不宜小于 40 m。各国隧道规范对紧急疏散通道的间隔设置要求在 250~300 m 之间，为满足每个防烟控制区域内有一个紧急疏散出口，对于不同长度的水幕间隔给出实际应用的推荐参数如表 6-8 细水雾型水幕系统设计参数如表 6-9。

表 6-8　WMSTV 系统排烟设施设置参数

火源功率 /MW	水幕间距 /m	排烟口数量	排烟口间距	排烟口尺寸
30	120	2	60 m	6 m×1 m
30	150	2	60 m	6 m×1 m
30	180	4	40 m	6 m×1 m

表 6-9　WMSTV 系统细水雾型水幕设置参数

喷头数量 / 个	工作压力 /MPa	单喷头流量 /（L/min）	细水雾水幕宽度 D/m
14	8~10	30	1 m ≤ D ≤ 5 m

6.7　WMSTV 系统控制下的灭火行动策略

隧道内发生火灾后,除了开展火灾烟气控制,还要积极开展灭火救援行动。对于火源的扑救,在 WMSTV 系统设置下有两种情况:第一,着火车辆恰好处于细水雾型水幕下方,细水雾启动进行灭火,集中排烟设施启动排烟,相应的防烟分区长度增加一倍;第二,着火车辆没有处于细水雾型水幕下方,感烟探测器报警后,WMSTV 系统启动控制火灾烟气蔓延,隧道物业人员或专业消防队到场利用消火栓或其他灭火设备开展灭火工作。

通过第 6.6 节对控烟效果的模拟结果分析,发现当火源与细水雾型水幕间没有排烟口时,烟气会穿越水幕的阻挡,这时就要启动下一个防烟分区内的排烟和细水雾型水幕,扩大烟气控制范围,将烟气控制在两个防烟分区内。

综上所述,WMSTV 系统启动及灭火行动策略有以下三种,如图 6-30 所示。

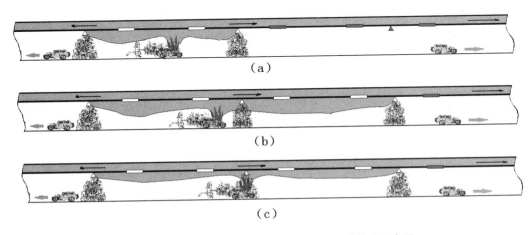

（a）

（b）

（c）

图 6-30　WMSTV 系统及控制下的灭火行动策略示意图

（a）火灾烟气被控制在一个防烟分区内,WMSTV 系统启动控烟,消防员灭火
（b）火灾烟气被控制在两个防烟分区内,WMSTV 系统启动控烟,消防员灭火
（c）火源处于细水雾型水幕正下方,火灾烟气被控制在两个防烟分区内,WMSTV 系统启动控烟,消防员和细水雾共同灭火

（1）火灾烟气被控制在一个防烟分区内，WMSTV 系统启动控烟，消防员灭火；

（2）火灾烟气被控制在两个防烟分区内，WMSTV 系统启动控烟，消防员灭火；

（3）火源处于细水雾型水幕正下方，火灾烟气被控制在两个防烟分区内，WMSTV 系统启动控烟，消防员和细水雾共同灭火。

6.8　本章小结

本章针对典型狭长空间公路隧道的火灾烟气控制，结合细水雾型水幕的实验和理论研究提出了细水雾型水幕和集中排烟耦合烟气控制方法（WMSTV 系统），并利用 FDS 数值模拟验证了其可行性，针对 13 中火灾工况对该方法的实际应用开展量化分析。通过模拟分析，得到以下结论。

（1）对无排烟措施（工况 1）、设置集中排烟（工况 2）和设置 WMSTV 系统（工况 3）三种场景开展数值模拟，比较了不同场景下的烟气蔓延过程、温度、CO 浓度、可视距离变化，结果表明在细水雾型水幕和集中排烟的共同作用下可以将火灾烟气控制在所在的防烟分区内，这种方法是有效可行的。当施加细水雾型水幕后，烟气向下游的流动被阻断，但烟气层的纵向分层流动被打破，烟气随水雾快速下沉，但水幕下游的温度、可视距离、CO 浓度大大改善。由于集中排烟的设置，使得水幕间的环境不至于过度恶化，2 m 高度以下可视距离在 8~12 m 之间。

（2）通过 13 种模拟工况对水幕间距和排烟口间距对 WMSTV 系统的控烟效果的影响分析，得出对于不同的水幕间距，合理的排烟口数量和间距影响着 WMSTV 系统的控烟效果。进行排烟口设计时，其最小间距不宜小于 40 m，最大间距不宜大于 60 m，细水雾型水幕与排烟口的间距应在 30~45 m 之间。

（3）针对各国隧道规范对紧急疏散通道的间隔设置在 250~300 m 之间的要求，为满足每个防烟控制区域内有一个紧急疏散出口，对 WMSTV 系统的水幕间隔、排烟口间隔以及细水雾型水幕的设计参数给出推荐值，详见表 6-8 和表 6-9。

（4）针对 WMSTV 系统烟气控制方法，提出了该烟控技术下的灭火行动救援策略。在烟气蔓延区域得到控制的情况下，灭火救援行动由隧道物业人员或专业消防队到场利用消火栓或其他灭火设备开展，受灾人员的疏散则从隧道两个方向引导撤离。

第7章　细水雾衰减热辐射的理论分析

细水雾场中存在大量微小液滴,细水雾型水幕则是通过喷头的间隔布置形成雾状幕帘。在热辐射穿过细水雾场的过程中,光线会在单个液滴粒子内部产生吸收、反射、散射现象,并且改变光线方向。液滴吸收入射光的能量进行蒸发,并且通过自身散射,使得光线传播方向发生复杂改变,从而形成辐射热衰减,细水雾隔热原理主要有:水滴对辐射热的吸收和气态蒸发作用;水雾与周围空气交界处发生轻微的对流换热及水幕内部微弱的传导作用;水滴对透过水雾区的辐射热的散射作用。

7.1　单个粒子辐射传输

在关于粒子系衰减热辐射的计算过程中,首先介绍粒子的辐射特性参数,即粒子在阻隔热辐射的过程中表现出来的与自身相关的参数。主要包含三种光学系数:吸收系数"κ"、散射系数"σ"、衰减系数"β"。对于非均匀粒径的粒子群,三种光学系数的表达式如下:

$$\beta_\lambda = \int_0^\infty C_{e\lambda}(D)N(D)\mathrm{d}D$$

$$\kappa_\lambda = \int_0^\infty C_{e\lambda}(D)N(D)\mathrm{d}D \qquad (7\text{-}1)$$

$$\sigma_{s\lambda} = \int_0^\infty C_{e\lambda}(D)N(D)\mathrm{d}D$$

式中　　D——粒径,m;

$C_{e\lambda}(D)$、$C_{a\lambda}(D)$、$C_{s\lambda}(D)$——分别为直径为 D 的粒子衰减、吸收和散射截面;

$N(D)$——粒子数密度分布,$\text{m}^{-3} \cdot \text{m}^{-1}$。

三种光学系数是不同粒径粒子的吸收截面、散射截面、衰减截面关于粒子数密度的积分。三种光学截面满足下面的关系式:

$$Q_{a\lambda} = C_{a\lambda}/G \qquad Q_{e\lambda} = C_{e\lambda}/G \qquad Q_{s\lambda} = C_{s\lambda}/G \qquad (7\text{-}2)$$

式中　　G——表示粒子的几何投影面积,m^2;

$Q_{i\lambda}$——吸收、散射、衰减因子。

粒子的辐射特性也与粒子的粒径 D 及辐射光的波长 λ 有关,而尺度参数 $\chi = \pi D/\lambda$ 则综合表示了粒径与波长在辐射特性中的参与性。由于粒子辐射特性具有强烈的光谱选择性,尺度参数也与粒子直径有关,因此粒子光谱辐射特性的计算较为复杂。图7-1是入射光在细水雾液滴内的光路图。可以看出光线入射进液滴内,主光路通过两次折射后射出液滴,但液滴内部仍存在大量反射及折射现象,液滴内部光线经过多次折射后沿不同方向射出,同时也经历了多次吸收。这些现象使得液滴对光线的散射和吸收过程变得复杂,下面将对此进行详细描述。

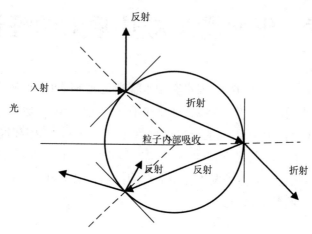

图 7-1　液滴内部光路示意图

为了计算粒子系的光学系数,可以首先计算球形粒子的衰减因子和散射因子。根据 Mie 理论,球形粒子的衰减因子 Q_e、散射因子 Q_s、吸收因子 $Q_{a\lambda}$ 和散射相函数 Φ_p 的表达式为:

$$Q_e\left(m,\chi\right)=C_e / G=2 / \chi^2 \sum_{n=1}^{\infty}(2n+1)Re\{a_n+b_n\}=4 / \chi^2 Re\{S_0\} \tag{7-3}$$

$$Q_s\left(m,\chi\right)=C_s / G=2 / \chi^2 \sum_{n=1}^{\infty}(2n+1)\left[\left|a_n\right|^2+\left|b_n\right|^2\right] \tag{7-4}$$

$$Q_{a\lambda}=Q_{e\lambda}-Q_{s\lambda} \tag{7-5}$$

$$\Phi_p\left(m,\chi,\Theta\right)=\frac{1}{Q_s\chi^2}\left[\left|S_1\right|^2+\left|S_2\right|^2\right] \tag{7-6}$$

式中　　χ——尺度参数,表示为 $\chi=2\pi r / \lambda$,r 是液滴半径;

　　　　m——表示雾滴的复数折射系数;

　　　　Θ——散射角;

　　　　Φ_p——单个粒子的散射相函数

　　　　Re——表示取复数的实部;

　　　　S_1、S_2——散射函数,$S_0=S_1(0)=S_2(0)$。

　　　　a_n、b_n——Mie 散射系数,可由 Mie 理论进行计算;

　　　N 表示为体积分数为 f_v 的水产生的液滴数量,即:

$$N=f_v / \int_0^{\infty} \frac{4}{3}\pi r^3 n(r)\mathrm{d}r \tag{7-7}$$

7.2　细水雾场粒子系的光学参数

细水雾场是由大量微小液滴组成的粒子系,细水雾场中的辐射特性参数与细水雾液滴的光学系数、粒子数密度及粒子的粒径分布有关。在计算粒子系的辐射特性参数时,要考虑粒子之间的相互作用:一是稀疏粒子粒子系中,粒子之间的吸收和散射互不干扰,其辐射特性可叠加计算,为独立散射;二是粒子系中粒子之间互相吸收和散射,互相影响,为非独立散射。细水雾衰减热辐射的过程可按照独立散射计算。因此在计算细水雾场衰减热辐射的过程中,可对单个液滴的辐射特性参数叠加计算得到细水雾场辐射特性参数。

因为细水雾场中只含有一种粒子,且液滴粒径是在一个范围内,分布不均匀,则粒子系的衰减系数 β、散射系数 σ_s、吸收系数 κ 为

$$\beta = \sum_{i=1}^{n} N_i C_{e,i} = \frac{\pi}{4} \sum_{i=1}^{n} D_i^2 N_i Q_{e,i} = 1.5 \sum_{i=1}^{n} Q_{e,i} \frac{f_{v,i}}{D_i} \tag{7-8}$$

$$\sigma_s = \sum_{i=1}^{n} N_i C_{s,i} = \frac{\pi}{4} \sum_{i=1}^{n} D_i^2 N_i Q_{s,i} = 1.5 \sum_{i=1}^{n} Q_{s,i} \frac{f_{v,i}}{D_i} \tag{7-9}$$

$$\kappa = \beta - \sigma_s \tag{7-10}$$

式中　N_i——粒径为 D_i 的粒子数密度,m^{-3};

　　　$f_{v,i}$——粒径为 D_i 的粒子所占体积百分比。

粒径为 D_i 的粒子的散射相函数为

$$\Phi(\Theta) = \frac{1}{\sigma_s} \sum_{i=1}^{n} N_i C_{s,i} \Phi_{p,i}(\Theta) = \frac{1}{\sigma_s} \sum_{i=1}^{n} \frac{\pi}{4} D_i^2 N_i Q_{s,i} \Phi_{p,i}(\Theta) \tag{7-11}$$

上式表示为不同粒径粒子的相函数,与其粒子数密度的乘积,再加权平均而得。

细水雾粒子系是由具有不同粒径的粒子混合组成,但是细水雾的粒径分布并不是杂乱无序的,而是呈现函数分布,即粒径分布函数。水雾粒子的粒径分布大多为正态分布或对数正态分布,即粒径分布函数

$$P(D) = \frac{1}{\sqrt{2\pi} \cdot D \ln \sigma_g} \exp \left\{ -\frac{1}{2} \left[\frac{\ln(D/D_n)}{\ln \sigma_g} \right]^2 \right\} \tag{7-12}$$

式中　σ_g——粒径的对数标准偏差

　　　D_n——粒子平均直径

粒径范围最小值 $r_{min} = 1$,最大值按置信区间为 0.97 确定,$r_{max} = r_0 \left[\exp(S)^2 \right]$。

为了简化计算,将粒子辐射过程中体现出来的强烈光谱选择性和各向异性散射进行等效处理。采用 Planck 平均,得到平均散射系数、平均衰减系数、平均吸收系数和平均相函数。

平均衰减系数

$$\bar{\beta}_P = \int_0^\infty \beta_\lambda E_{b\lambda} d\lambda / \int_0^\infty E_{b\lambda} d\lambda \tag{7-13}$$

平均散射系数：

$$\overline{\sigma}_P = \int_0^\infty \sigma_\lambda E_{b\lambda} d\lambda / \int_0^\infty E_{b\lambda} d\lambda \tag{7-14}$$

平均反照率：

$$\overline{\omega}_P = \frac{\overline{\sigma}_P}{\overline{\beta}_P} \tag{7-15}$$

平均吸收系数：

$$\overline{\kappa} = \overline{\beta}(1 - \overline{\omega}) \tag{7-16}$$

平均散射相函数：

$$\overline{\Phi}_P(\Theta) = \int_0^\infty \overline{\Phi}_\lambda(\Theta) E_{b\lambda} d\lambda / \int_0^\infty E_{b\lambda} d\lambda \tag{7-17}$$

以上是细水雾粒子系中的辐射特性参数及具体计算公式。运用 Mie 理论，根据细水雾粒子的半径以及粒子数密度，即可计算出粒子系的平均辐射参数。

7.3　热辐射传输计算方法

7.3.1　热辐射传输基本方程

本书采用 Mie 散射理论计算粒子系的光学系数和散射项函数，并代入热辐射传输方程。热辐射在细水雾场中的传输过程可由以下公式描述：

$$s \bullet \nabla I_\lambda = \kappa_\lambda(x) I_{b\lambda}(x) - \left[\kappa_\lambda(x) + \sigma_{s\lambda}(x)\right] I_\lambda(x,s)$$
$$+ \sigma_{s\lambda}(x) / 4\pi \int_{4\pi} \Phi(s',x) I_\lambda(x,s') d\Omega' \tag{7-18}$$

式中　　$s \bullet \nabla I_\lambda$——光谱辐射能量增益；

$\kappa_\lambda(x) I_{b\lambda}(x)$——自发发射和诱导发射的光谱总发射能量；

$\left[\kappa_\lambda(x) + \sigma_{s\lambda}(x)\right] I_\lambda(x,s)$——吸收和散射出的光谱辐射能量；

$\sigma_{s\lambda}(x) / 4\pi \int_{4\pi} \Phi(s',x) I_\lambda(x,s') d\Omega'$——空间各方向投射辐射引起 s 方向的光谱散射射入能量，(x) 代表空间位置，λ 代表波长。

7.3.2　热辐射传输计算模型

本书选择蒙特卡洛法，对热辐射传递过程进行求解。蒙特卡洛法基于概率模拟，将热辐射传输中的各类问题以随机问题进行解决。此模型首先将传输过程分解为各个子过程，例如发射、吸收和散射等，再将每个子过程确定为概率模型，跟踪和统计每束光从发射到结束的整个过程，从而得到辐射能量的分配结果。在计算过程中，假设光束不具有能量，此时便可以将光束的概率模拟和能量计算分开，从而在进行温度迭代计算的过程中对概率模拟不产生影响，可将计算精度大大提高。

描述光束在单元内的踪迹时，需要对光束的发射点和传输过程中的方向进行确定。当此光束遇到下一个面元时,其吸收、反射和投射参数也是不确定的。此束光束一直被跟踪至被吸收或投射出系统,继而重新跟踪下一个光束。在跟踪光束的过程中,光束在介质中的传输长度也要进行统计。当足够数量的光束被跟踪完毕后,其得到的结果就具有统计意义。

1. 光束发射点的概率模拟

设一个正交曲面坐标系 (ξ,η,ζ),坐标系中面元 i 的方程为 $r=r(\xi,\eta,\zeta)$,范围是 Ω,则面元 i 的面积

$$S_i = \iint_\Omega h_\xi h_\eta d\eta d\xi = \int_{\xi_1}^{\xi_2} \int_{\eta_1(\xi)}^{\eta_2(\xi)} h_\xi h_\eta \mathrm{d}\eta \mathrm{d}\xi \tag{7-19}$$

其中

$$h_\xi = \sqrt{\left[\frac{\partial_x}{\partial_\xi}\right]^2 + \left[\frac{\partial_y}{\partial_\xi}\right]^2 + \left[\frac{\partial_z}{\partial_\xi}\right]^2} \tag{7-20}$$

$$h_\eta = \sqrt{\left[\frac{\partial_x}{\partial_\eta}\right]^2 + \left[\frac{\partial_y}{\partial_\eta}\right]^2 + \left[\frac{\partial_z}{\partial_\eta}\right]^2} \tag{7-21}$$

则在 ξ 中 $[0,1]$ 区间的均匀随机数

$$R_\xi = \frac{1}{S_i} \int_{\xi_1}^{\xi} \left[\int_{\eta(\xi)}^{\eta_2(\xi)} h_\xi h_\eta \mathrm{d}\eta\right] \mathrm{d}\xi \tag{7-22}$$

同理可知在 η 中的均匀随机数。

综上,R_x、R_y、R_z 为 $[0,1]$ 区间的均匀随机数,则发射点坐标分别为

$$x_{\mathrm{rad}} = R_x \left(x_{i,\max} - x_{i,\min}\right) + x_{i,\min} \tag{7-23}$$

$$y_{\mathrm{rad}} = R_y \left(y_{i,\max} - y_{i,\min}\right) + y_{i,\min} \tag{7-24}$$

$$z_{\mathrm{rad}} = R_z \left(z_{i,\max} - z_{i,\min}\right) + z_{i,\min} \tag{7-25}$$

2. 光束发射方向的概率模拟

针对某面元,其光束发射方向的天顶角 θ 及周向角 Ψ 为

$$\theta = \arccos\left(\sqrt{1-R_\theta}\right) \quad \Psi = 2\pi R_\Psi \tag{7-26}$$

式中　　R_θ——天顶角的均匀分布随机数;

　　　　R_Ψ——圆周角的均匀分布随机数

3. 光束传输长度及终点的概率模拟

辐射在吸收、散射性介质内的衰减作用是利用光束可能达到的传输长度来模拟的,即

$$s_k = \frac{1}{\beta_k} \ln(1-R_s) \tag{7-27}$$

式中　　R_s——呈均匀分布的传输长度的随机数。

综上,光束的起点以及发射方向和传输长度等被确定。由于细水雾粒径呈不均匀分布,因此谱带衰减系数 β_k 会随路径变化,此时需要逐个计算光束传输过程中经过各元体的传输长度,则式(7-26)变为

$$\tau_k = \sum_{V_i \in (M_v \cap s)} s_{k,i} \beta_{k,i} = \ln(1 - R_s) \tag{7-28}$$

$$s_k = \sum_{V_i \in (M_v \cap s)} s_{k,i} \tag{7-29}$$

式中　　τ_k——谱带光学厚度；

$\beta_{k,i}$——体元的谱带衰减系数；

$V_i \in (M_v \cap s)$——在体元 V_i 中，属于计算区域并在传输路径上的体元数 M_v。

由于细水雾液滴是半透明微粒，当光束触及其表面时会产生投射、反射或吸收，令 α_k，ρ_k，γ_k 分别为界面的光谱吸收率、光谱反射率和光谱透射率，且 $\alpha_k + \rho_k + \gamma_k = 1$，设光束在粒子表面产生的随机数为 $R_{\alpha,\rho}$。若 $R_{\alpha,\rho} < \alpha$，则光束被吸收；$\alpha < R_{\alpha,\rho} < \alpha + \rho$，光束被反射；$\alpha + \rho < R_{\alpha,\rho} \leq 1$，光束被投射或折射。

7.4　细水雾热辐射衰减效率的计算

1. 计算过程

根据上述计算过程，求得细水雾粒子系的平均辐射特性参数，输入辐射参数以及光学系数并通过 Monte Carlo 模拟计算透射率及吸收率。在此模型中，将细水雾雾场厚度、液滴折射率、细水雾粒子系的吸收系数、散射系数和不对称因子作为输入量，编程计算得到辐射在细水雾场中的透射率。计算流程如图 7-2。

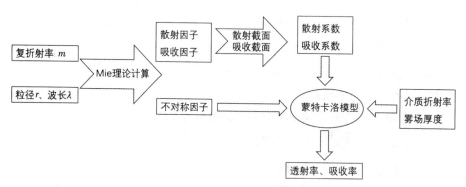

图 7-2　光谱计算流程图

在计算细水雾衰减热辐射效率的过程中，可知透射率、吸收率大小与复折射率 m、数密度 N、粒子半径 r、辐射光波长 λ、雾场厚度 L 有关。由于实验采用细水雾作为研究介质，其基本物性参数复折射率不变，火源产生的辐射光长在重复实验中不变。因此在实验中，可将非基本物性参数数密度 N、粒子半径 r、雾场厚度 L 作为实验变量，研究不同变量对热辐射衰减效率的影响。

2. MATLAB 软件编程

根据辐射传输理论得知热辐射的衰减计算过程中，光学系数不仅与粒径有关、波长有关,光束在粒子中的散射也呈现各向异性。因此本书选择蒙特卡洛法处理此复杂的计算过程,通过 MATLAB 软件进行编程,可求得给定条件下的热辐射衰减效率。如图 7-3,是编程软件基本数据输入界面;图 7-4 是根据输入的数据进行计算后的辐射强度分布图。

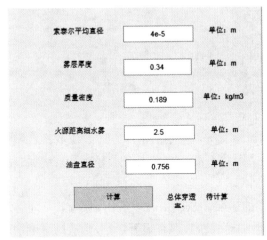

图 7-3　软件界面

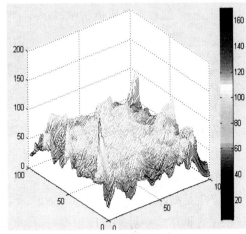

图 7-4　软件计算辐射强度分布图

3. 计算结果

上述 MATLAB 编程中可方便实现改变不同参量,从而研究参量变化对辐射衰减效率的影响规律。本书分别改变了粒径、质量密度以及雾场厚度三 3 种变量参数,分别得到热辐射衰减效率的变化规律如图 7-5~7-7。

图 7-5 是细水雾粒径对热辐射衰减效率的影响。从图中可以看出,热辐射衰减效率随着粒径变大而降低。当液滴粒径逐渐变大,粒径超过 80 μm 后,衰减效率的降低幅度越来越小。

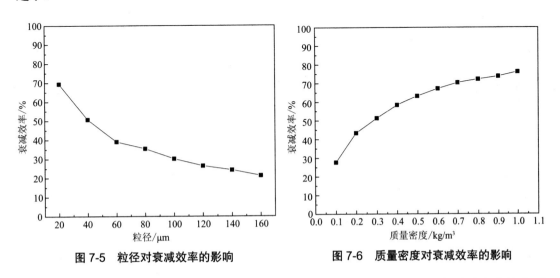

图 7-5　粒径对衰减效率的影响　　　　　图 7-6　质量密度对衰减效率的影响

图 7-6 是细水雾场的质量密度对热辐射衰减效率的影响。衰减效率在质量密度较小时

增大较快,质量密度增大至 0.7 kg/m³ 后,衰减效率的增长幅度缓慢。

质量密度满足的公式如下:

$$\rho_m = \frac{Q \cdot t \cdot \rho}{V_{a \cdot b \cdot c}} \qquad\qquad (7\text{-}30)$$

式中　ρ_m——细水雾场质量密度,kg/m³;

　　　Q——细水雾总流量,L/s;

　　　t——时间,s;

　　　ρ——水的密度,1 000 kg/m³;

　　　$V_{a \cdot b \cdot c}$——细水雾场体积,m³。

根据式(7-30)可知,质量密度与细水雾总流量有关,但根据图 7-6 可知,质量密度增大到一定程度,衰减效率上升趋势开始变得平缓。因此不能一味增大细水雾流量来增加衰减效率,而应该取一最佳值。

图 7-7 是细水雾场厚度对热辐射衰减效率的影响。从图中可以看出,衰减效率随雾场厚度的增大而增大。雾场厚度较小时,厚度的增加对衰减效率有显著影响,当雾场厚度增大到一定值后,衰减效率随之变化量减小。

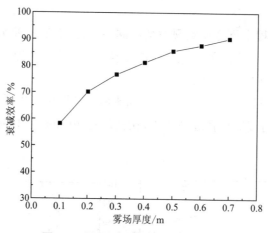

图 7-7　雾场厚度对衰减效率的影响

第8章 细水雾幕对玻璃隔墙的冷却保护实验

由上述理论分析得到细水雾对热辐射有衰减作用,为实验提供了指导方向。在理论基础上,可以更好地分析影响衰减效率的因素,从而指导实验的进行。为了将细水雾衰减热辐射技术能够应用到实际工程中,本书开展了细水雾系统辅助保护玻璃幕墙的实验探究。实验工况则根据理论公式中的有关因素进行设计,对玻璃幕墙的保护效果则通过实验测量的热辐射通量和玻璃背火面温度的变化规律进行评判。

8.1 细水雾幕对玻璃隔墙的冷却保护实验设计

8.1.1 实验台的搭建

实验台模拟室内步行街的商铺尺寸进行设置。实验平台由火源、细水雾系统、玻璃隔墙、数据采集系统四部分组成,如图 8-1。玻璃幕墙选用钢化玻璃,设置玻璃隔墙的尺寸长 3.4 m,高 2.5 m,厚度 10 mm,如图 8-2 所示。玻璃隔墙上方布置细水雾管路,设置距离可调节。在玻璃隔墙背火面布置贴片热电偶 16 个,热电偶横向间距 1 m,纵向间距 0.8 m,在玻璃隔墙背火面中心高 1.5 m 处布置热流计。

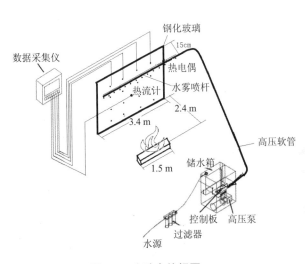

图 8-1 实验台俯视图

图 8-2 实验台实拍图

实验所用细水雾系统为高压(工作压力大于 3.45 MPa)单相流细水雾系统,用水泵对系统进行加压供水,通过高压管网输送至喷头处产生细水雾。系统由高压细水雾单流体产生装置、高压软管、分水器、控制阀、高压钢管、细水雾喷头组成。细水雾管路通过高压软管接高压单流体细水雾产生器中,机器接 380 V 电源,通过高压泵(型号 XLT54151R,最大产生压力 15 MPa,在 1 450 RPM 时,最大流量为 54 L/min,消耗功率为 15.3 kW)产生高压细水雾,并可以调节产生细水雾的压力。在玻璃隔墙顶端布置细水雾喷头,架设 3 排细水雾管路,管路间距 15 cm,管路可以垂直玻璃隔墙进行移动,如图 8-3~8-4。细水雾喷淋杆和喷头特性参数参见第 3 章冷态细水雾雾特性测量。

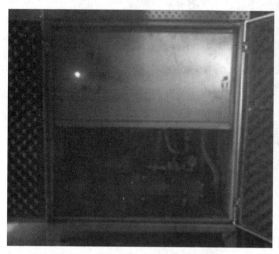 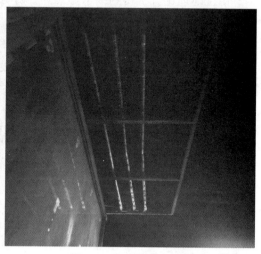

图 8-3　高压单流体细水雾产生装置　　　　图 8-4　细水雾喷头管网

　　实验中设计的火源类型与火源功率应模拟真实火灾。由于实验工况较多,所以火源的选择考虑以下方面:①与实际火灾尽可能相近;②可重复性强。本实验选用液化石油气作为燃料,火源装置长 1.5 m,宽 0.3 m,高 0.15 m,火源内部有 5 个供气口,供气口上方布置双层100 目的防火铁丝网,在铁丝网上放置直径约 0.5 cm 的石子,均匀覆盖。气体通过供气口释放后,经过上方均匀布置的石子,可以产生气流均匀的气体火,稳定燃烧,如图 8-5。

(a)　　　　　　　　　　　　　　　　　　(b)

图 8-5　火源装置

(a)火源产生装置　(b)火焰效果

本实验选用液化石油气作为燃料,液化石油气平均热值 92.11~121.417 MJ/m³,气态液

化气密度取 2.28 kg/m³,因此可以根据实验中转子流量计中的流量读数计算火源功率。火源功率计算公式为:

$$\dot{Q} = Q_V \cdot Q \tag{8-1}$$

式中　$\dot{Q}$——热释放速率,kW;

　　　Q_V——体积热值,kJ/m³;

　　　Q——气体流量,m³/s。

本实验中采用 5 m³/h 的气体流量,液化石油气平均热值取 110 MJ/m³,由式(8-1)计算得火源功率为 152.8 kW,模拟实际火灾中的平均热释放速率。

8.1.2　数据采集系统

根据相关文献得知,此类实验测量数据主要有温度、压力、流量等。本实验涉及的参数主要包括温度及热辐射。由于本实验是对细水雾衰减热辐射效果的探究,因此将温度及热辐射测点放置于玻璃背火面。贴片热电偶及辐射热流计布置如图 8-6。

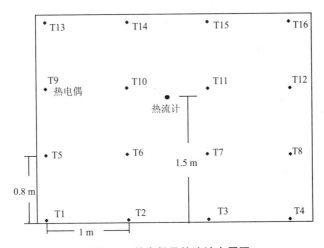

图 8-6　热电偶及热流计布置图

1. 温度采集

实验在玻璃背火面按照一定规律布置贴片热电偶,记录玻璃背火面温度变化,通过数据采集仪器显示。实验中选用 Pt100 型贴片热电偶,如图 8-7,使用温度区间为 -45~420℃。平均分布在玻璃背火面,水平间距 1 m,竖向间距 0.8 m,共 16 个。

2. 热辐射通量采集

热流是在单位时间内流经单位面积的热量,单位是(W/m²)。如图 8-8,实验采用 JCR-5W 热辐射传感器,测量通过细水雾场及玻璃后的热辐射强度,灵敏度为 1.824 8[(W/cm²)/mV],位于玻璃隔墙背火面,距离地面 1.5 m,距玻璃 5 cm 处。

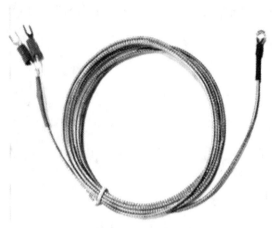

图 8-7　Pt100 型贴片热电偶

图 8-8　辐射热流计

8.1.3　实验工况

实际火灾中影响玻璃隔墙完整性的因素很多,各种因素之间也存在耦合作用。根据理论分析结果,本实验研究在不同压力、不同细水雾幕排数、不同细水雾喷头的设置距离对玻璃隔墙的保护效果。

1. 压力

高压系统是指系统分布管网工作压力大于或等于 3.45 MPa 的细水雾灭火系统。理论计算中发现,液滴粒径减小及质量密度增大,其衰减效率均呈现非线性增长。因此本实验选择改变的压力工况为 4 MPa、8 MPa、12 MPa。

2. 设置距离

喷头距玻璃隔墙的距离关系着细水雾能否在玻璃隔墙上形成水膜。参考《自动喷水灭火系统设计规范》(GB 50084-2017)中对防护冷却系统喷头安装距离的规定和实际工程空间的限制,本实验选择间隔距离由近到远,分别为 15 cm、30 cm、45 cm、60 cm。

3. 细水雾幕排数

细水雾幕排数考虑了细水雾厚度对热辐射的衰减效果。因为实验中所选喷头为单喷头,能较容易地控制细水雾幕厚度,因此通过增减单喷头设置排数来改变细水雾厚度。本书设置 1 排、2 排、3 排细水雾,通过开闭不同排数的细水雾,探究细水雾厚度对防护冷却效果的影响。

包括空白实验,本文共设计 37 组实验,实验工况见表 8-1。

由于实验具有危险性,每一步实验步骤都应按照时间节点进行,从而最大限度降低实验危险性,利于实验的进行。

表 8-1　实验工况表

工况编号	喷头类型	喷头压力 /MPa	喷头的设置距离 /cm	细水雾幕排数 / 排
0		—	—	—
1				1
2			15	2
3				3
4				1
5			30	2
6				3
7		4		1
8			45	2
9				3
10				1
11			60	2
12	单嘴喷头			3
13				1
14			15	2
15				3
16				1
17			30	2
18		8		3
19				1
20			45	2
21				3
22				1
23			60	2
24				3
25				1
26			15	2
27				3
28				1
29			30	2
30	单嘴喷头	12		3
31				1
32			45	2
33				3
34				1
35			60	2
36				3

（1）开启温度和热辐射采集模块，确定设备正常运转，观察热流计和热电偶测点数据是否正常。

（2）确保供水、供电和供气正常。设备需要电源是 380V 电压，实验中有高温火源和水汽，因此电源线的保护尤为重要；液化石油气由气瓶输出，经过转子流量计，通过软管接到燃烧盘，实验前确保接口无松动。

（3）打开摄像机。实验室门窗关闭，防止风对火源的扰动。

（4）$T=0$ s，开启液化石油气开关，点燃火源。开始计时。

（5）观察温度及热辐射动态变化，火源稳定燃烧 600 s，使玻璃隔墙背火面温度及热辐射上升到稳定阶段。

（6）$T=600$ s，打开水源，开启细水雾，拍摄开启时细水雾动态变化。持续 300 s。观察细水雾开启后火焰形状变化，拍摄火焰形状，

（7）关闭细水雾，关闭液化石油气罐阀门。收集 0~900 s 内的温度变化数据，热辐射变化数据，命名保存。

（8）开启门窗和排烟风机，将实验室内烟气排出，待玻璃隔墙温度降至室温后进行下一组实验的准备。

8.2　细水雾型水幕喷射过程及布水

图 8-9 是细水雾动作时的喷射过程。可以看出，细水雾由一排喷头喷出形成幕状细水雾场的过程大致可以分为启动阶段、形成阶段和稳定阶段。①启动阶段，由于高压输送管中水的惯性的作用，细水雾经喷头喷出的压力较小，形成的细水雾较稀薄，液滴的速度矢量较小，主要依靠重力作用下降。②形成阶段，高压细水雾从喷头喷出，细水雾液滴具有较大的速度矢量，重力作用效果不明显，与启动阶段的细水雾重合，形成初始水雾团。③稳定阶段，水雾到达地面后水雾团向外散开，细水雾场趋于稳定状态，细水雾开始充斥系统空间。

根据细水雾在玻璃表面的水量分布情况，细水雾在玻璃表面的分布区域可以分为 3 种，即水量密集区、均匀区、空白区。形成这 3 种区域主要原因是单喷嘴细水雾喷头的喷雾特点以及喷头的设置距离。水量密集区水量最多，由于玻璃上方聚集的水在喷雾动力及重力作用下朝下方流动，与玻璃下方的细水雾汇集，所以在玻璃表面形成的水膜较明显；水量均匀区的水量较多，主要在玻璃中上方，喷头喷射的细水雾遇到玻璃从而汇集成水膜；水量空白区基本无细水雾到达，也无法形成水膜，主要存在于玻璃上沿。由于细水雾喷头喷雾锥角有限，所以空白区无法避免，如果喷头的设置高度高于玻璃上檐，则可以减小空白区的面积。

通过观测分析实验现象，单排细水雾喷头距离玻璃隔墙 15 cm 时在玻璃表面布水情况如图 8-10 所示。随着喷头设置距离由 15 cm 增大至 60 cm 时，玻璃表面上方的空隙由 20 cm 增大至 170 cm，玻璃表面形成的水膜面积不断减小。当设置距离增大至 75 cm 时，细水雾已经无法在玻璃表面形成有效水膜。

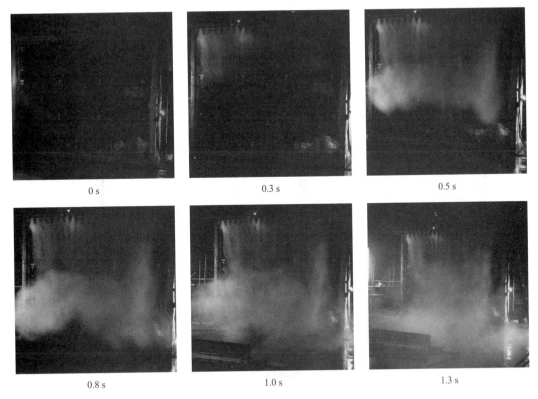

图 8-9　细水雾喷射过程

图 8-10　设置距离 15 cm 时玻璃表面布水情况

（a）侧面布水图　（b）整体布水图

　　喷头在不同设置距离下形成的细水雾与玻璃隔墙之间的空白区域如图 8-11 所示。为了更准确地表示喷头设置距离对布水分布的影响，引入"水膜覆盖率（φ）"，它代表水膜覆盖高度与玻璃隔墙高度之比。

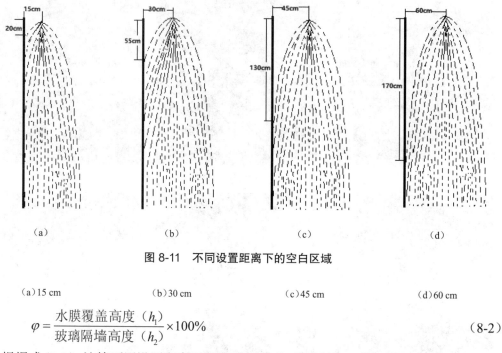

图 8-11　不同设置距离下的空白区域

(a)15 cm　　　　　　　(b)30 cm　　　　　　　(c)45 cm　　　　　　　(d)60 cm

$$\varphi = \frac{水膜覆盖高度（h_1）}{玻璃隔墙高度（h_2）} \times 100\% \tag{8-2}$$

根据式（8-2），计算不同设置距离下的水膜覆盖率，具体数据见表 8-2。

表 8-2　不同设置距离下的水膜覆盖率

设置距离 /cm	空白区域高度 /cm	水膜覆盖高度 /cm	覆盖率
15	20	230	92%
30	55	195	78%
45	130	120	48%
60	170	80	32%

8.3　空烧实验

8.3.1　温度变化规律

本书在进行细水雾保护玻璃隔墙的探究实验前，进行了空烧实验，图 8-12 是在不施加细水雾条件下，玻璃表面各温度测点的温度随时间的变化曲线。在火源单独加热的情况下，研究玻璃背火面的温度变化，并与后续细水雾作用实验进行数据对比。

由图可知，位于玻璃底部的 T1~T4 号测点温度增长较缓，且最高温度也低于其他测点的最高温度。这是因为火焰产生的热量在热羽流的驱动下向上移动，玻璃底部接收到的热辐射主要来自火焰下方，热辐射强度较低。另外，玻璃镶嵌在钢制框架内，与此相邻的部位导热性好，因此玻璃底部区域温度上升趋势较缓；在玻璃背火面中心区域的 T5~T12 号测点温度增长最快，且变化趋势相近。T5~T12 号测点处高度与火焰高度相近，此处受到的热辐射通量最大。T6、T7 号测点位于玻璃中心，温度上升趋势最快，温度最高；玻璃顶部区域的 T13~T16 号测点，虽然临近钢制框架，但其位于火焰上方临近区域，能够接收较多热辐射，并且有热烟气的作用，温度上升较快。T1、T5、T9、T13 号测点处在玻璃背火面左侧，T4、T8、T12、T16 号测点处在玻璃背火面右侧，由于玻璃长度大于火源装置长度，所以玻璃两侧的部位温度上升的趋势较中心区域温度上升趋势缓，玻璃两侧的最高温度低于中心区域的最高温度。

根据 T6、T7、T10、T11 号温度测点数据变化规律，4 个测点温度在温升过程中温度差距小于 2℃，因此在后续实验分析中，选取玻璃表面中心处，取 4 点温度平均值进行作图处理，如图 8-13。测得在 900 s 时，玻璃表面中心处温度为 40.2℃。

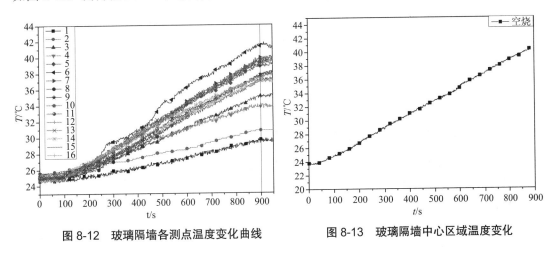

图 8-12　玻璃隔墙各测点温度变化曲线　　　　图 8-13　玻璃隔墙中心区域温度变化

8.3.2　热辐射通量变化规律

图 8-14 是玻璃背火面中心处热辐射通量随时间变化曲线。由图可知，在点燃气体火源后，玻璃背火面接受的热辐射随时间增大，600 s 后，热辐射增长梯度逐步变小，在 900 s 时，热辐射通量为 5.25 kW/m²。因此本实验选择在 600 s 时开启细水雾系统进行防护冷却。

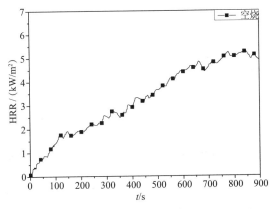

图 8-14　玻璃中心处热辐射通量随时间变化曲线

8.4　系统设计参数对玻璃隔墙保护效果的影响

在研究不同工况对玻璃防护冷却效果的实验中，为了避免其他因素的影响，本文将选择单喷嘴喷头产生细水雾，单嘴喷头产生的细水雾场较为均匀，与理论联系紧密。更能从基础上研究不同变量对防护冷却效果的影响。

为了定量分析细水雾对热辐射通量的衰减效果，定义热辐射衰减效率 η

$$\eta = \frac{E_0 - E}{E_0} \times 100\% \tag{8-3}$$

式中　E_0——空烧状态下，玻璃背火面的辐射通量密度，kW/m²；

　　　E——细水雾状态下，玻璃背火面的辐射通量密度，kW/m²。

为了能量化分析细水雾对玻璃隔墙的冷却效果，在此用冷却效率 X 来衡量。冷却效率

$$X = \frac{(T_0 - T)}{T_0} \times 100\% \tag{8-4}$$

式中　T_0——表示空烧状态下，900 s 时玻璃中心处温度，℃；

　　　T——表示细水雾作用下，900 s 时玻璃中心处温度，℃。

8.4.1　压力对玻璃隔墙防护冷却效果的影响

实验在封闭实验室进行，实验室环境温度为 24℃，湿度为 72%。根据控制变量法的原则，选定细水雾喷头距离玻璃隔墙 15 cm，1 排细水雾。

1. 热辐射通量变化分析

图 8-15 是不同压力的细水雾对玻璃背火面热辐射通量变化的影响。可以看出，当细水雾动作后，热辐射通量瞬间出现了明显下降。细水雾压力越大，热辐射通量下降幅度越大，热辐射的衰减效果越好。

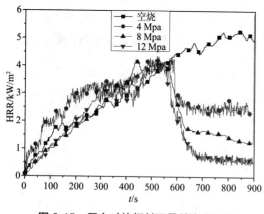

图 8-15　压力对热辐射通量的变化影响

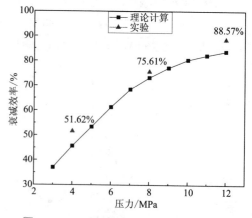

图 8-16　不同压力细水雾热辐射衰减效率

表 8-3 是在不同压力下的细水雾对透过玻璃的热辐射通量的影响。根据式（8-3）计算得到不同压力细水雾对热辐射的衰减效率，并与理论计算的衰减效率进行对比，如图 8-16。

可以看出,实验测得衰减效率随压力的增大而呈现非线性增大,与理论计算衰减效率的变化趋势相同,说明在压力达到一定程度时,继续增大压力对衰减热辐射效率的影响程度降低。4 MPa 细水雾对热辐射衰减的效率达到了 51.62%,8 MPa 细水雾对热辐射衰减的效率达到了 75.61%,12 MPa 细水雾对热辐射衰减的效率达到了 88.57%。压力增大使得流量增大,单位时间单位体积内的细水雾液滴数量增多。根据散射理论可知,液滴数量增大,液滴对辐射的散射和吸收作用就越强,对热辐射的衰减效果就越好。细水雾压力增大,液滴速度矢量增大,会影响火焰形状,使火焰偏离玻璃隔墙。

表 8-3 细水雾在不同压力下对热辐射通量的影响

压力	空烧状态下的热辐射通量(第 900 s)	细水雾作用下的热辐射通量(第 900 s)	衰减效率
4 MPa	5.25 kW/m²	2.54 kW/m²	51.62%
8 MPa	5.25 kW/m²	1.28 kW/m²	75.61%
12 MPa	5.25 kW/m²	0.60 kW/m²	88.57%

2. 温度变化分析

图 8-17 是在三种不同压力的细水雾场对玻璃表面温度的影响。在 600 s 施加细水雾时,温度曲线图均出现"转折",由上升趋势变为下降趋势,最终趋于稳定。但三种工况下温度下降幅度不同,由图可知,随着压力的增加,玻璃隔墙的背火面温度下降的越低,但温度降幅逐渐变小。因此为了增加玻璃的降温效果并不能一味增加压力,而应综合考虑降温效果与经济因素确定压力取值。

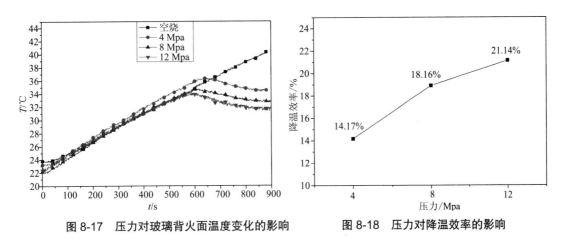

图 8-17 压力对玻璃背火面温度变化的影响   图 8-18 压力对降温效率的影响

表 8-4 是不同压力下的细水雾对玻璃表面的降温效果。根据式(8-4)计算得到的降温效率与细水雾压力的关系如图 8-18。根据式(8-5)可知,细水雾压力增大可使其流量变大,单位时间内单位体积内液滴的质量密度也会增大。单位时间单位体积内的细水雾液滴数量增多,液滴与周围环境的热交换作用就越强;细水雾压力增大可使其液滴矢量增大,从而使玻璃表面风速增大,加快蒸发吸热,蒸发吸热效果越好。但是压力与降温效率并非呈线性关

系,随着压力的增大,降温效率的增长幅度逐渐减小。

表 8-4　不同压力下玻璃表面降温效果

压力	空烧状态下玻璃表面温度(第900 s)	细水雾作用下玻璃表面温度(第900 s)	降温效率
4 MPa	40.2℃	34.50℃	14.17%
8 MPa	40.2℃	32.89℃	18.16%
12 MPa	40.2℃	31.70℃	21.14%

细水雾压力变大,液滴矢量增大会使细水雾团动量变大,对火焰形状产生影响,导致火焰偏离玻璃,从而影响火焰对周围环境的加热作用。图 8-19 是施加细水雾对火焰形状的影响效果图。

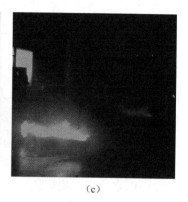

（a）　　　　　　　　　　（b）　　　　　　　　　　（c）

图 8-19　细水雾对火源形状的影响

（a）细水雾动作前　（b）细水雾动作时　（c）细水雾动作后

综上,不同细水雾工作压力下,玻璃背火面的温度变化和热辐射通量的变化规律表明:当细水雾压力分别为 4 MPa、8 MPa、12 MPa 时,玻璃背火面的降温效率分别为 14.42%、16.67%、21.89%;热辐射衰减效率分别为 51.62%、75.61%、88.57%。可知当细水雾压力增大,其降温效果和热辐射衰减效果均显著增强,压力为 12 MPa 时,细水雾的降温效率和热辐射衰减效率最佳。

8.4.2　细水雾排数对玻璃隔墙防护冷却效果的影响

细水雾对热辐射的衰减涉及多种因素,包括压力、流量、厚度、液滴粒径等参数。而厚度是影响细水雾防护冷却效果的一项重要参数,探究不同厚度细水雾对玻璃隔墙的防护冷却效果,对指导工程实践有重要意义。由于细水雾厚度较难以衡量,在实验实施方面不够精确。依据控制变量法原则,本实验选择压力 8 MPa,喷头设置距离为 15 cm 时,通过增减细水雾喷头的排数来探究细水雾幕厚度对防护冷却效果的影响。根据冷态实验结果,在 8 MPa 压力下,测得不同排数的细水雾有效雾场厚度见表 8-5。为了表述方便,文中将排数作为变量分析其影响效果。

表 8-5　不同排数细水雾的雾场厚度

排数	1 排	2 排	3 排
细水雾场厚度	23.3 cm	45 cm	58 cm

1. 热辐射通量变化分析

根据理论研究结果,当衰减热辐射的细水雾场厚度越大,其衰减效率越大。实验在喷头距玻璃隔墙 15 cm、压力为 8 MPa 的压力下,通过改变细水雾启动的排数来改变细水雾场的厚度,从而得出其衰减效率随细水雾场厚度的规律。

图 8-20 是不同排数的细水雾幕对热辐射通量的变化影响。可以看出,当施加不同排数的细水雾后,其热辐射通量均呈现大幅下降。1 排、2 排和 3 排细水雾作用下的热辐射通量依次降低。

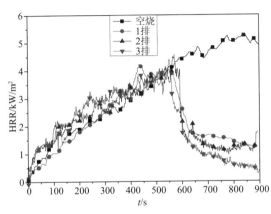

图 8-20　不同排数细水雾对热辐射通量的影响

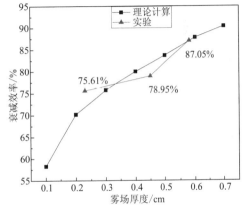

图 8-21　不同厚度细水雾的热辐射衰减效率

表 8-6 是不同排数的细水雾对透过玻璃的热辐射通量的影响。根据式(8-3)计算得到实验衰减效率与理论计算得到的衰减效率对比如图 8-21。由图可知,1 排细水雾幕对热辐射的衰减效率为 75.61%,2 排细水雾幕对热辐射的衰减效率为 78.95%,3 排细水雾幕对热辐射的衰减效率为 87.05%,当细水雾幕排数线性增加时,其衰减效率增大,但并非呈线性增长。细水雾排数增多,细水雾场的厚度增加,热辐射衰减效果更好。理论计算值与实验测量值大致吻合,但仍有误差。这是因为理论计算中水雾粒径的分布函数与实验中粒径分布不尽相同,若将理论中粒径分布表述的更加详尽,则计算结果更为准确,但此种做法计算量大,效率低。

表 8-6　不同排数的细水雾对热辐射通量的影响

排数	空烧状态下的热辐射通量(第 900 s)	细水雾作用下的热辐射通量(第 900 s)	衰减效率
1 排	5.25 kW/m^2	1.28 kW/m^2	75.61%
2 排	5.25 kW/m^2	1.11 kW/m^2	78.95%
3 排	5.25 kW/m^2	0.68 kW/m^2	87.05%

2. 温度变化分析

图 8-22 是在空烧及开启不同排数细水雾工况下,玻璃背火面的温度随时间的变化图。从图中的数据变化趋势可以看出,施加不同排数的细水雾后,温度变化曲线由上升转变为下降趋势,呈现出不同的降温效果。在压力以及喷头距玻璃隔墙的距离确定后,细水雾幕的排数增多,厚度增大,则降温效果增强,如 2 排和 3 排细水雾作用下的温度均低于 1 排细水雾。但施加 2 排和 3 排细水雾对玻璃隔墙的降温效果几乎相同,即细水雾场对玻璃的降温呈非线性变化。施加细水雾后,较近一排的细水雾能在玻璃隔墙上形成水膜,水膜在玻璃表面流动的过程中,能与高温玻璃进行对流换热,从而使玻璃温度降低。当增加细水雾幕的排数后,由于外侧细水雾对水膜的厚度及流动影响不大,因此细水雾幕排数的叠加,并不能叠加其对玻璃隔墙的冷却效果。1 排和 2 排细水雾对玻璃隔墙的降温效果有较小差距,可以得出第 2 排细水雾仍有部分水雾达到玻璃表面,而继续施加第 3 排细水雾则基本与 2 排细水雾的降温效果无较大差别。

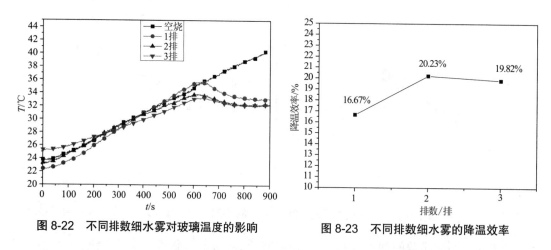

图 8-22　不同排数细水雾对玻璃温度的影响　　　　图 8-23　不同排数细水雾的降温效率

表 8-7 是在不同排数的细水雾作用下,玻璃表面的温度与空烧温度对比。降温效率由式(8-4)算得。图 8-23 是施加不同排数的细水雾后,玻璃表面的降温效率。

表 8-7　不同排数细水雾的降温效果

排数	空烧状态下玻璃表面温度(第 900 s)	细水雾作用下玻璃表面温度(第 900 s)	降温效率
1 排	40.2℃	33.50℃	16.67%
2 排	40.2℃	32.06℃	20.23%
3 排	40.2℃	32.23℃	19.82%

综上,当细水雾喷头排数分别设置为 1、2、3 排时,玻璃背火面的降温效率分别为 16.67%、20.23%、19.82%,2 排和 3 排细水雾之间的降温效率相差不大,降温效果均优于 1 排细水雾;细水雾喷头排数分别设置为 1、2、3 排时,热辐射的衰减效率分别为 75.61%、78.95%、87.05%,可知设置 3 排细水雾对热辐射的衰减效率最好。

8.4.3　喷头的设置距离对防护冷却效果的影响

《自动喷水灭火系统设计规范》要求喷头溅水盘与防火分隔设施的水平距离不应大于 0.3 m。与此相似,当用细水雾保护玻璃隔墙的时候,细水雾喷头与玻璃隔墙的距离也应有明确范围的规定。喷头距玻璃隔墙的距离关系到细水雾的厚度以及在玻璃表面水膜的形成,并最终影响细水雾的防护冷却效果。

本组实验在 1 排细水雾幕、8 MPa 压力下,通过改变细水雾喷头与玻璃隔墙的距离(15 cm、30 cm、45 cm、60 cm),分析不同工况下玻璃隔墙的降温效果以及细水雾对热辐射的衰减效果。

1. 热辐射通量变化分析

图 8-24 是喷头不同设置距离下,热辐射通量的变化曲线。由图可知四种不同的设置距离下,热辐射通量变化曲线相近,并无明显差别。根据细水雾在不同设置距离下的布水状态可知,细水雾喷头与玻璃隔墙之间的距离增大,玻璃隔墙上形成水膜的面积变小,细水雾场厚度增加,说明玻璃表面的水膜和细水雾场对热辐射都有一定的衰减作用。水膜面积和细水雾场厚两种因素耦合作用,使得热辐射衰减效率维持在一个稳定范围。表 8-8 是不同设置距离的细水雾作用下的辐射热通量。图 8-25 是不同设置距离下的热辐射衰减效率。由图可知,细水雾喷头的设置距离不同,细水雾场对热辐射衰减的效果相近,衰减效率浮动在 75% 左右。

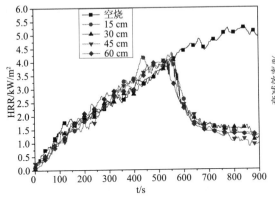

图 8-24　喷头设置距离对热辐射通量的影响

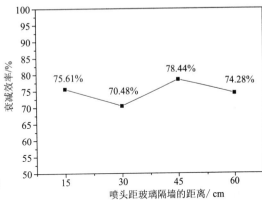

图 8-25　不同设置距离下的热辐射衰减效率

表 8-8　不同设置距离的细水雾对热辐射通量的影响

设置距离	空烧状态下的热辐射通量(第 900 s)	细水雾作用下的热辐射通量(第 900 s)	衰减效率
15 cm	5.25 kW/m²	1.28 kW/m²	75.61%
30 cm	5.25 kW/m²	1.55 kW/m²	70.48%
45 cm	5.25 kW/m²	1.13 kW/m²	78.44%
60 cm	5.25 kW/m²	1.35 kW/m²	74.28%

2. 温度变化分析

通过改变喷头距玻璃隔墙的距离,得到不同设置距离与玻璃背火面温度变化的规律曲线,如图 8-26 所示。根据式(8-4)算得降温效率见表 8-9。4 种设置距离下的温升曲线在细水雾动作前基本一致,当细水雾动作后,4 种设置距离下的玻璃背火面温度均比空烧的温度低,说明细水雾场阻挡来自火焰的热辐射并影响热空气与玻璃之间的热对流,使其温度上升趋势变缓。当设置距离逐渐变大时,细水雾的降温效果逐渐变差。细水雾动作后,相比较而言,设置距离为 15 cm 工况下玻璃背火面的温度下降最明显,降温效果最好。设置距离为 30 cm、45 cm 时,细水雾动作后,温度也成下降趋势。但设置距离越远,温度下降趋势越缓。设置距离为 60 cm 时,其温度变化比细水雾动作时温度有升高趋势,但温升曲线的斜率(k=0.003 153)远小于空烧时的温升曲线斜率(k=0.018 468)。设置距离为 60 cm 时,喷洒的细水雾几乎不能覆盖玻璃隔墙表面,玻璃表面无法形成水膜,从而使其降温效果变差,但细水雾仍然能阻挡来自火源的热辐射,使得玻璃隔墙的升温趋势变慢。此设置距离的细水雾幕已经不能很好的冷却玻璃隔墙。

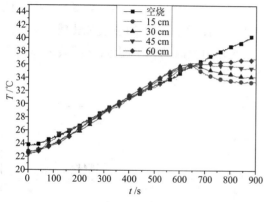

图 8-26　设置距离对玻璃表面温度变化的影响

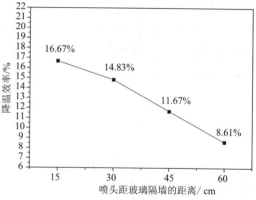

图 8-27　喷头设置距离对降温效率的影响

图 8-27 是喷头在不同设置距离时,细水雾对玻璃隔墙的降温效率。可以看出,设置距离越大,降温效率越低,基本成线性下降。15 cm 的降温效率是 60 cm 的降温效率的两倍,说明细水雾在玻璃上形成的水膜是使玻璃降温的主要原因。

表 8-9　喷头的设置距离对温度的影响

设置距离	空烧状态下玻璃表面温度(第 900 s)	细水雾作用下玻璃表面温度(第 900 s)	降温效率
15 cm	40.2℃	33.50℃	16.67%
30 cm	40.2℃	34.24℃	14.83%
45 cm	40.2℃	35.51℃	11.67%
60 cm	40.2℃	36.74	8.61%

综上所述,细水雾的设置距离分别为 15 cm、30 cm、45 cm、60 cm 时,其降温效率分别

为 16.67%、14.83%、11.67%、8.61%,水膜覆盖率分别为 91.67%、77.08%、45.83%、29.10%。设置距离为 15 cm 时,细水雾对玻璃隔墙的降温效果最好,在玻璃迎火面表面形成的水膜覆盖率最大。

8.5　细水雾系统与自动喷水系统保护玻璃隔墙的对比分析

自动喷水系统作为防护冷却的设置参数已经在规范里有具体规定,说明其降温及衰减热辐射能力都能满足钢化玻璃的耐火性及完整性要求。细水雾系统对于玻璃隔墙的保护性能在实验中已体现出较大优势,综合比较两者的优缺点,分析两系统的利弊,对火灾场景下保护玻璃隔墙、阻止火灾蔓延有重要意义。

本节选用边墙型喷头,根据规范中的规定进行实验设计,并采用同样的火源设置,采集数据并分析自动喷水系统对玻璃隔墙的冷却效果及热辐射衰减效果。

8.5.1　自动喷水系统保护玻璃隔墙的实验设计

《自动喷水灭火系统设计规范》要求:当采用防护冷却系统时,喷头间距应为 1.8~2.4 m;喷头溅水盘与防火分隔设施的水平距离不应大于 0.3 m。本实验采用工程中常用边墙型喷头(ZSTBA-15),如图 8-28 所示。流量系数 K=80,公称动作温度为 68 ℃,喷头溅水盘距离玻璃 0.3 m,喷头压力 0.1 MPa,玻璃隔墙长 3.6 m,采用两个喷头,间距 2.0 m。布置位置如图 8-29。

图 8-28　边墙型喷头(ZSTBA-15)

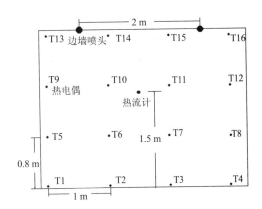

图 8-29　边墙型喷头布置

8.5.2　防护冷却效果对比分析

为了便于两者系统保护效果的比较,选择细水雾系统的工况为压力 8 MPa、1 排细水雾、喷头距玻璃隔墙的设置距离 15 cm。

1. 热辐射衰减效率对比分析

将两种系统对热辐射的衰减曲线作图进行对比,如图 8-30。由图可知,在自动喷水系统启动后,玻璃背火面的热辐射出现下降趋势,但比细水雾对热辐射的衰减效果差。在 900 s

时,细水雾作用下,热辐射通量为 1.28 kW/m²,根据式(8-3)得衰减效率为 75.61%;而自动喷水冷却系统作用下,热辐射通量为 3.10 kW/m²,计算得衰减效率为 40.95%,两者衰减效率相差 34.66%,可见细水雾对热辐射的衰减效果明显优于自动喷水系统。

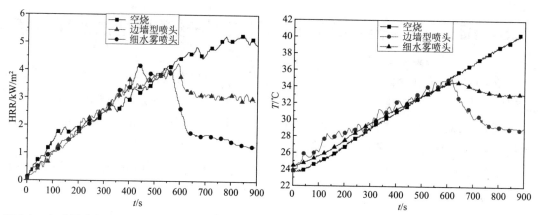

图 8-30　细水雾喷头和边墙型喷头对热辐射通量的影响图　　图 8-31　细水雾喷头和边墙型喷头对温度的影响

2. 降温效率对比分析

图 8-31 是两种系统作用下玻璃隔墙的温度变化曲线。由图可知,在自动喷水系统启动后,玻璃背火面温度出现明显下降,900 s 时温度为 26.13℃。而细水雾系统作用下,在 900 s 时温度为 33.50℃。根据式(8-4)计算得到边墙型喷头动作后对玻璃隔墙的降温效率为 35%,细水雾的降温效率为 16.67%,可知自动喷水系统对温度的冷却效果优于细水雾系统。

细水雾喷头动作后在玻璃表面形成的水膜厚度小,单位时间内与玻璃隔墙的热交换效率低,降温效果较缓和。相较而言,自动喷水系统选用的喷头在规定压力下,喷洒出的水滴粒径较大,并且流量较大,大量水滴被喷射到玻璃上,水滴与玻璃进行热传导,单位时间内与玻璃隔墙的热交换效率较高,玻璃隔墙降温效果明显,但有可能使玻璃因为温度剧变而导致破碎。

8.5.3　总流量对比

1. 边墙型喷头

实验中,3 m 长窗玻璃采用 2 个流量系数为 $K=80$ 的边墙型喷头,喷头压力取最小设计压力 0.1 MPa,其中流量与压力之间满足下列关系式

$$Q_1 = K\sqrt{10P} \tag{8-5}$$

式中　K——喷头的流量系数;

　　　P——喷头压力,MPa。

计算得需要总流量为 160 L/min。

2. 细水雾喷头

根据本文实验设计,保护 3.4 m 长玻璃隔墙用单排单嘴喷头共 20 个,经分析知 2 排单嘴喷头为最佳工况,共 40 个单嘴喷头。因此在此工程案例中,保护 3 m 玻璃隔墙,2 排单嘴

喷头(共 $20\times2=40$ 个)完全可以满足要求,则其总流量为:

$$Q_2 = 20\times2\times0.823 = 32.92 \text{ L/min}$$

两种喷头的流量对比如图 8.32,由图可以看出两者相差较大。同样应用于保护 3m 长的玻璃隔墙,边墙型喷头流量约为细水雾喷头流量的 5 倍。

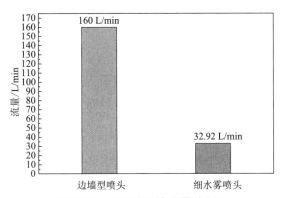

图 8-32　不同喷头的流量对比图

8.6　细水雾系统辅助保护玻璃隔墙的应用方案

根据实验可知,细水雾作为防护冷却系统,对玻璃隔墙的保护具有一定的有效性。在实际工程应用中,细水雾防护冷却系统的设计不仅与文中所涉及的参数有关,还应该对其系统组件、保护范围、管网布置、设计参数、水力计算以及供水和控制等方面予以规范。本书将细水雾防护冷却系统在应用方面涉及的内容进行探讨,提出系统的应用方案。

8.6.1　细水雾防护冷却系统设计方案

1. 喷头选择与布置

1)喷头选择

作为保护玻璃隔墙防护冷却系统,细水雾喷头的选择应遵循能够产生均匀细水雾的原则。细水雾喷头可选择 K 系数为 0.19(8 MPa 压力下流量为 1.7 L/min)的 6 嘴喷头。

2)喷头的布置

喷头的布置应能保证细水雾完全覆盖玻璃隔墙。

根据实验中对不同类型喷头的布水效果、水膜覆盖率以及防护冷却效率可知,喷头与被保护玻璃隔墙的设置距离不宜大于 30 cm;喷头的设置高度宜高于玻璃隔墙顶端,尽量减小喷嘴因喷雾锥角带来的喷雾空白区;喷头间距根据其雾通量以及喷雾锥角确定,嘴喷头之间距离可设定为 0.5 m。

2. 系统设计与管道布置

细水雾防护冷却系统由储水箱、泵组单元、控制阀、声光报警器、分区控制阀、管道、细水雾喷头等组件组成。具体设计如图 8-33 所示。

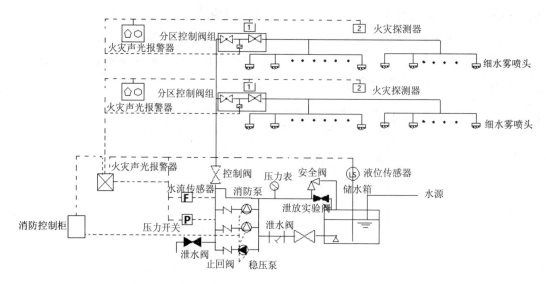

图 8-33　细水雾防护冷却系统示意图

细水雾防护冷却系统设计为开式系统,因此应按照防护区设置分区控制阀。分区控制阀根据火灾联动信号进行开启,并进行动作反馈。

细水雾防护冷却系统与细水雾灭火系统在组成上并无较大差异,因此在设计施工阶段可参考《细水雾灭火系统设计规范》对系统的设计要求,避免了系统设计复杂性。若存在场所同时设计两系统,应注意两系统并不能合并,灭火系统与防护冷却系统应独立设置,避免因泵组功率不足导致系统功能失效。

3. 系统的控制与联动

用于防护冷却玻璃隔墙的细水雾系统应具有自动、手动控制方式。当室内步行街某商铺发生火灾后,一路火灾探测器动作,信号传至火灾报警控制器并联动警铃,第二路火灾探测器动作后发出信号至火灾报警控制器,联动消防联动控制器,打开区域阀后管路压力下降,联动起泵。现场人员还可以通过消防控制中心远程开启区域阀进行起泵动作。

8.6.2　案例应用

现行规范中对玻璃隔墙的保护系统是自动喷水系统,本书将列举自动喷水系统保护玻璃隔墙的工程案例,并将细水雾系统按照此案例进行设计,最后将两系统的用水量进行计算对比。

1. 项目基本信息

图 8-34 是通过调研获取的某城市万达二层室内步行街局部图,此综合体的消防设计中包含了窗玻璃防护冷却喷水系统,即在室内步行街店铺与步行街走道间采用钢化玻璃+自动喷水冷却系统进行防火分隔。根据规范要求,此建筑设计用窗玻璃喷头对步行街 C 类防火玻璃进行保护。

1)用水量

系统设计流量为 30 L/s,持续保护时间 2 h,系统喷水强度 0.5 L/s·m,保护长度按最长铺面的玻璃隔断的长度 50 m 计,消防水量 180 m³,两套水泵接合器。

2)喷头参数及设置

步行街钢化玻璃冷却加密喷头根据消防性能化要求,采用水平边墙型喷头,额定动作温度为 68℃,喷头流量系数 K=80,最小工作压力 0.1 MPa。喷头安装在店铺内侧吊顶下方,喷头溅水盘与吊顶的距离不应小于 150 mm,且不应大于 300 mm,与玻璃上檐平齐,喷头间距不应大于 2.0 m,不宜小于 1.8 m,与玻璃的水平距离不应大于 0.3 m。窗玻璃冷却水幕工作压力 0.7 MPa。

3)具体安装图

其中某商店面积 36.27 m²,面向走廊侧采用 C 类防火玻璃作为分隔,玻璃隔墙中间为出口。左侧玻璃隔墙长度为 3 m,采用两个窗玻璃喷头冷却保护玻璃隔墙,如图 8-34。

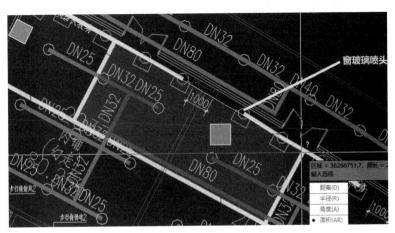

图 8-34　室内步行街局部图

2. 细水雾防护冷却系统的组成及其布置

根据上述案例概况,本书将细水雾系统作为防护保护系统,进行消防设计。

1)设计原则

细水雾系统作为防护冷却系统设计,其目的是保护室内步行街所用玻璃隔墙,保证其耐火性及完整性,从而满足玻璃隔墙作为防火分隔构件应用的要求。

2)系统设计

细水雾防护冷却系统由高压细水雾泵组、过滤装置、控制阀、供水管道、细水雾喷头和火灾联动单元组成。

3. 设计参数与流量计算

(1)根据实验结果,选用流量系数 K=0.19 的高压细水雾开式喷头(6 嘴喷头,流量为 1.7 L/min),喷头工作压力 8 MPa,喷头间距 0.5 m,距离玻璃隔墙不大于 0.3 m。

(2)喷头设置在玻璃迎火面一侧,保护距离共 50 m,持续保护时间 2 h。防护冷却系统总流量计算为

$$Q = nK\sqrt{10P} \tag{8-6}$$

式中　　Q——系统总流量，L/min；

　　　　K——喷头的流量系数，$\mathrm{L/min}\Big/\left(\mathrm{MPa}^{\frac{1}{2}}\right)$；

　　　　P——喷头的设计工作压力，MPa。

计算得到防护冷却系统总流量为 170 L/min，在 2h 保护时间内总用水量为 $V = Q \cdot t = 170 \times 60 \times 2 = 20\ 400\ \mathrm{L} = 20.40\ \mathrm{m}^3$。

同样在 2 h 的保护时间内，与自动喷水防护冷却系统设计水量 180 m³ 相比，细水雾防护冷却系统设计用水量只有 20.4 m³，大大降低了水量消耗与水渍损失。另外，相对较低的防护冷却用水量能增加灭火用水量，延长灭火时间，达到更好的灭火和控火效果。

8.6.3　细水雾系统应用场所

细水雾系统作为防护冷却系统应用在玻璃隔墙的保护方面，能够满足其完整性与耐火性的要求。由于被保护对象——玻璃隔墙应用场所广泛，所以细水雾防护冷却系统的应用场所也较为广泛。

依托细水雾防护冷却系统节省水量的优势，在消防用水不能得到及时供给或消防出水量有限的场所有较大应用前景，例如大型综合体内的商业步行街、古建筑等。另外，根据细水雾能对保护玻璃隔墙保护的有效性分析，针对其他防火分隔构件（防火卷帘、挡烟垂壁），细水雾也应有一定的保护效果。

8.7　本章小结

本章通过实验研究了单嘴喷头在不同压力、不同排数和不同的设置距离对细水雾保护玻璃隔墙效果的影响。对玻璃背火面的温度和通过玻璃的热辐射通量进行了测量和分析。结果表明细水雾压力对热辐射通量和温度有显著影响，压力增大，热辐射衰减效率和降温效率均增大，12 MPa 时，玻璃背火面的热辐射衰减效率为 88.57%，降温效率为 21.89%。细水雾喷头排数增多，热辐射衰减效率随之增大，但降温效率相差不大，设置排数为三排时防护冷却效果最好，热辐射衰减效率为 87.05%，降温效率为 19.82%。设置距离增大，降温效率减小，衰减效率变化不大。设置距离为 15 cm 时，细水雾对玻璃隔墙的降温效果最好，降温效率分别为 16.67%，4 种工况下的衰减效率均在 75% 左右。

将典型工况下细水雾对玻璃隔墙的保护效果与自动喷水系统进行对比，从降温效率、衰减效率和用水量三方面进行分析，边墙型喷头和细水雾喷头对玻璃隔墙的降温效率分别为 35% 和 16.67%，衰减效率分别为为 40.95% 和 75.61%，总流量分别为 160 L/min 和 32.92 L/min。通过工程案例，将细水雾防护冷却系统予以设计应用，并通过计算得到其用水量，与工程案例实际应用的自动喷水系统用水量进行比较。

参考文献

[1] 范维澄，王清安，姜冯辉，等 . 火灾学简明教程 [M] . 合肥：中国科学技术大学出版社，1995.

[2] 霍然，胡源，李元洲 . 建筑火灾安全工程导论 [M] . 合肥：中国科学技术大学出版社，2009.

[3] LI Y F，CHOW W K. A zone model in simulating water mist suppression on obstructed fire [J].Heat transfer engineering，2006，27（10）：99-115.

[4] RASBASH D J，ROGOWSKI Z W. Extinction of fires in liquids by cooling with water sprays [Jl. Combustion & flame，1957，1（4）：453-466.

[5] NMIRA F，CONSALVI J L，KAISS A，et al. A numerical study of water mist mitigation of tunnel fires[J]. Fire Safety Journal 44（2009）198–211.

[6] COLLIN A，LECHENE S，BOULET P，et al. Water mist and radiation interactions：application to a water curtain used as a radiative shield[J]. Numerical heat transfer，2010，57：537-553.

[7] 唐智 . 喷头水颗粒作用下火灾烟气层沉降研究 [D]. 武汉：武汉大学，2013.

[8] 房玉东 . 细水雾与火灾烟气相互作用的模拟研究 [D]. 合肥：中国科技大学，2006.

[9] 中华人民共和国住房和城乡建设部 . 细水雾灭火系统技术规范：GB 50898—2013[S]. 北京：中国计划出版社，2013.

[10] 钟涛，毛献群，仲晨华，等 . 大型水幕防火分隔效果的试验研究 [J]. 船舶工程，2004，26（6）：39-42.

[11] 葛晓霞，靳红雨，王道成，等 . 消防水幕衰减火灾热辐射的实验研究 [J]. 火灾科学，2007，16（2）：72-80

[12] 董惠，邹高万，郜冶 . 激光测量水幕阻隔烟气全尺寸火灾实验设计与研究 [J]. 哈尔滨工程大学学报 . 2002，23（5）：80-83.

[13] 张国权 . 气溶胶力学 - 除尘净化理论基础 [M]. 北京：中国环境科学出版社，1987.

[14] 张小艳 . 微细水雾除尘系统设计及试验研究 [J]. 工业安全与环保，2001，27（8）：1-4.

[15] 陈令清 . 烟气水雾两相流研究 [D]. 大连：大连海事大学，2008.

[16] 马素平，寇子明 . 喷雾降尘机理的研究 [J]. 煤炭学报，2005，30（3）：297-300.

[17] 候凌云 . 喷嘴技术手册 [M]. 北京：中国石化出版社，2007.

[19] MCGRATTAN K，BAUM H，REHM R. Fire Dynamics Simulator Technical Reference Guide[S]. 5th ed. National Institute of Standards and Technology，2010.

[19] National Fire Protection Association. Standard for road tunnels，bridges，and other limited access highways：NFPA 502[S]. 1 Batterymarch Park，Quincy，MA，USA，2014.

[20] 吴德兴，徐志胜，李伟平 . 公路隧道火灾烟雾控制：独立排烟道集中排烟系统研究 [M]. 北京：人民交通出版社，2013.

[21] AMANO R，KURIOKA H，KUWANA H，et al，Ogawa Y，2006. Applicability of water screen fire disaster prevention system to road tunnels in Japan[C]//3rd International Conference 'Tunnel Safety and Ventilation'，Graz：162-173.

[22] 魏东，梁强 . 消防水幕衰减火灾辐射热的理论研究 [J]. 中国安全科学学报，2008，18（10）：75-81.

[23] 中华人民共和国公安部 . 自动喷水灭火系统设计规范：GB 50084—2017[S]. 北京：中国计划出版社，2018.